人居
环境

雕梁画作

人居环境编委会　编著

中国大百科全书出版社

图书在版编目（CIP）数据

雕梁画作 / 人居环境编委会编著. -- 北京 ：中国
大百科全书出版社，2025. 1. --（人居环境）. -- ISBN
978-7-5202-1797-2

Ⅰ．TU204.11-49

中国国家版本馆 CIP 数据核字第 2024DW7268 号

总 策 划：刘　杭　郭继艳
策划编辑：张志芳
责任编辑：张志芳
责任校对：邵桄炜
责任印制：王亚青
出版发行：中国大百科全书出版社有限公司
地　　址：北京市西城区阜成门北大街 17 号
邮政编码：100037
电　　话：010-88390811
网　　址：http://www.ecph.com.cn
印　　刷：唐山富达印务有限公司
开　　本：710mm×1000mm　1/16
印　　张：10
字　　数：100 千字
版　　次：2025 年 1 月第 1 版
印　　次：2025 年 1 月第 1 次印刷
书　　号：ISBN 978-7-5202-1797-2
定　　价：48.00 元

总 序

这是一套面向大众、根植于《中国大百科全书》第三版（以下简称百科三版）的百科通俗读物。

百科全书是概要记述人类一切门类知识或某一门类知识的完备的工具书。它的主要作用是供人们随时查检需要的知识和事实资料，还具有扩大读者知识视野和帮助人们系统求知的教育作用，常被誉为"没有围墙的大学"。简而言之，它是回答问题的书，是扩展知识的书。

中国大百科全书出版社从 1978 年起，陆续编纂出版了《中国大百科全书》第一版、第二版和第三版。这是我国科学文化建设的一项重要基础性、标志性、创新性工程，是在百年未有之大变局和中华民族伟大复兴全局的大背景下，提升我国文化软实力、提高中华文化国际影响力的一项重要举措，具有重大的现实意义和深远的历史意义。

百科三版的编纂工作经国务院立项，得到国家各有关部门、全国科学文化研究机构、学术团体、高等院校的大力支持，专家、学者 5 万余人参与编纂，代表了各学科最高的专业水平。专家、作者和编辑人员殚精竭虑，按照习近平总书记的要求，努力将百科三版建设成有中国特色、有国际影响力的权威知识宝库。截至 2023 年底，百科三版通过网站（www.zgbk.com）发布了 50 余万个网络版条目，并陆续出版了一批纸质版学科卷百科全书，将中国的百科全书事业推向了一个新的高度。

重文修武，耕读传家，是我们中国人悠久的文化传承。作为出版人，我们以传播科学文化知识为己任，希望通过出版更多优秀的出版物来落实总书记的要求——推动文化繁荣、建设中华民族现代文明，努力建设中国式现代化强国。

为了更好地向大众普及科学文化知识，我们从《中国大百科全书》第三版中选取一些条目，通过"人居环境""科学通识""地球知识""工艺美术""动物百科""植物百科""渔猎文明""交通百科"等主题结集成册，精心策划了这套大众版图书。其中每一个主题包含不同数量的分册，不仅保持条目的科学性、知识性、准确性、严谨性，而且具备趣味性、可读性，语言风格和内容深度上更适合非专业读者，希望读者在领略丰富多彩的各领域知识之时，也能了解到书中展示的科学的知识体系。

衷心希望广大读者喜爱这套丛书，并敬请对书中不足之处给予批评指正！

《中国大百科全书》编辑部

"人居环境"丛书序

　　人居环境科学理论与实践是中国改革开放 40 周年的标志性成果之一。1993 年，吴良镛、周干峙与林志群在中国科学院技术科学部大会上提出建立"人居环境学"设想，将其作为一种以人与自然协调为中心、以居住环境为研究对象的新的学科群。2012 年，吴良镛获得 2011 年度国家最高科技奖，国家最高科学技术奖评审委员会评审意见认为："吴良镛院士是我国人居环境科学的创建者。他建立了以人居环境建设为核心的空间规划设计方法和实践模式，为实现有序空间和宜居环境的目标提供理论框架。"这意味着人居环境科学已得到学界的认可。

　　人居环境科学是涉及人居环境有关的多学科交叉的开放的学科群组。人居环境科学强调"建筑—城乡规划—风景园林"三位一体，作为人居环境科学的核心，地理学、生态学、环境科学、遥感与信息系统等是与人居环境科学关系密切的外围学科，以上这些学科共同构成了开放的人居环境科学学科体系。可见，人居环境科学的融合与发展离不开运用多种学科的成果，特别要借重各自的相邻学科的渗透和展拓，来创造性地解决复杂的实践中的问题。

　　人居环境是人居环境科学理论与实践的研究对象，其建设意义重大。党的二十大报告将"城乡人居环境明显改善"列入全面建设社会主义现代化国家未来五年的主要目标任务。这充分体现了城乡人居环境建设在党和国家事业发展全局中的重要地位。为此，依托《中国大百科全书》

第三版人居环境科学（含建筑学、风景园林学、城乡规划学）、土木工程、中国地理、作物学等学科内容，编委会策划了"人居环境"丛书，含《中国皇家名园》《中国私家名园》《古建》《古城》《园林》《名桥》《山水田园》《亭台楼阁》《雕梁画作》《植物景观》十册。在其内容选取上，采取"点"与"面"相结合的方式，并注重"古与今""中与西"纵横两个维度，读者可从其中领略人居环境中蕴藏的文化瑰宝。

　　希望这套丛书能够让更多的读者进一步探索人居环境科学理论与实践体系！

人居环境丛书编委会

目 录

第1章 雕 1

第 2 章 　梁 47

第 3 章 　画 77

第 4 章 作 101

第1章

雕

石　刻

清昭陵石刻

清昭陵石刻是中国清代陵墓雕塑。清昭陵位于辽宁省沈阳市区北部，俗称"北陵"，是清太宗皇太极和孝端文皇后的陵墓。始建于清崇德八年（1643），顺治八年（1651）竣工。康熙（1662～1722）、嘉庆（1796～1820）年间都曾修建。清昭陵是清入关前留下的3座帝陵中最大、最完整的一座。

清昭陵陵地长600米、宽300米，四周有缭墙围绕。陵墓石刻分3部分：①自下马碑至正红门的神道两侧有石狮、华表、石牌楼等，在牌楼栏板处还浮雕八宝、行龙等纹饰，柱下刻狮兽，精

神道两侧的石狮子

细玲珑，形象生动。②自正方门至方城为参道，其两侧有立象、卧驼、立马、麒麟、坐狮、獬豸6种，二立马是仿照皇太极生前的两匹爱马雕塑的。③方城、月牙城、宝城三城相接，是陵寝的主体建筑。方城正中隆恩门侧面袖壁上的浮雕蟠龙造型生动。殿前有三路踏跺，中为御路，浮雕海水云龙纹，刀法遒劲，工艺精美。清昭陵对于研究清初历史以及建筑、雕塑艺术等有重要价值。

孝陵石刻

孝陵石刻是中国明孝陵地表上的纪念性石刻。明孝陵为明代开国皇帝朱元璋的陵墓，位于江苏南京。洪武十五年（1382），葬入马皇后（谥"孝

正红门外的华表

明孝陵武士

慈"）。朱元璋于洪武三十一年（1398）六月死后葬入。陵墓神道两侧排列着大型石刻。神道分两段，西北向一段长618米，地势起伏，布置6种石兽，依次为

明孝陵石象

狮、獬豸、骆驼、象、麒麟、马等。每种为2对，1对伫立，1对蹲坐。石兽形体宏大，立像高6.25米，长4.21米，宽2.16米，风格简朴，线条圆润，具有写实的特点。每对石兽相向排列在神道两侧，其间隔为5～7米不等。石兽尽处，神道折向正北，在长250米的距离内，依次排列着石望柱1对、武将2对、文臣2对，身高皆3米余。作为大型纪念碑石刻群，与过去帝王陵传统的布局有所不同，完全依靠地形高低、山势回旋变化布置，与空间环境形成有机的结合。石刻群不仅增加了陵墓建筑的伟丽庄严，同时在整个陵墓体现皇权的至高无上、漠大无边的观念上起着重要作用。

明孝陵对前代陵寝制度做了一些重要改变：陵墓由方形改为圆形，称"宝顶"。取消了寝宫建筑，扩大了祭殿。陵园围墙按当时宫殿建筑，由方形改为由三个大院落组成的长方形，分列碑亭、神厨；祭殿、配殿；牌坊、五供台、方城明楼。由孝陵所创立的陵墓制度和陵前石刻群的组合，为以后的明清诸陵墓所沿袭。

十三陵石刻

十三陵石刻是中国明代陵墓雕塑。明十三陵位于北京市西北约 50 千米的天寿山下，是明代 13 个皇帝的墓葬。十三陵始建于明永乐七年（1409），包括：长陵、献陵、景陵、裕陵、茂陵、泰陵、康陵、永陵、昭陵、定陵、庆陵、德陵、思陵，是一个依据地势、规划有序的陵墓建筑群。其所属石刻在中国雕塑史上占有重要地位。

石刻组雕即排列在十三陵的共同的神道上。陵区正门前竖一五间六柱汉白玉石牌坊，宽 28.86 米，其夹柱石上雕有麒麟、狮子、龙和其他怪兽，浮雕精美，结构宏伟，是中国现存牌坊中最大的一座。神道两旁排列有石兽 6 种：狮、獬豸、骆驼、象、麒麟、马各 2 对，均为 1 对蹲坐，1 对伫立，共 24 件。人像有武将、文臣、勋臣 3 类，各 2 对，皆作立像，共 12 尊。十三陵石刻以表现皇权的神圣威严为主题。在题材上继明孝陵石刻之风而又有所变化，布局以石狮为首，取消了牵马人及虎、羊等形象，保留了骆驼、象和獬豸等。形象之间更加协调，并于碑亭四角

明十三陵神道石文官

明十三陵神道石骆驼

设雕刻华丽的华表，内容组合更加庄严。造型上发展了写实手法，雕像都用整块白石琢成，体积高大厚重，人物比例匀称，刻画细腻精致，神态恭谨；动物神情温驯，雕刻精细，但生气不足。雕刻作风趋于简朴，既发展了古代石刻的庄严传统，又开创了华贵纹饰的雕刻风格。

清东陵石刻

清东陵石刻指中国清代帝后陵墓清东陵的雕塑。因位于北京东部的河北遵化马兰峪西的昌瑞山下，故名。陵区建有世祖顺治孝陵、圣祖康熙景陵、高宗乾隆裕陵、文宗咸丰定陵、穆宗同治惠陵，共5座帝陵及其后妃陵墓。

石刻主要集中在孝陵，其神道两侧排列石像生18对，分别为文臣、武将、马、麒麟、象、骆驼、狻猊、狮子等，以文臣最具特色。其余诸陵分列两侧，一些建筑上的浮雕及石人、石兽，雕刻工艺亦颇

清东陵裕陵石武将

清东陵石麒麟

清东陵定陵文臣 1

清东陵定陵文臣 2

清东陵石卧马

清东陵石骆驼

精湛。地宫以乾隆裕陵最具代表性,拱券式结构,全部用雕刻或加工过的石块砌成。地宫中雕有八大菩萨、四大天王、五欲供、八宝和其他图案,犹如一座地下佛教艺术石雕馆。清东陵石刻反映了清代盛期雕刻的一般特征,显示了清代雕塑艺术的高度水平。

清西陵石刻

清西陵石刻指中国清代帝后陵墓清西陵的雕塑。因位于北京西部

的河北易县城西 15 千米的梁各庄西
永宁山下，故名。陵区建有世宗雍
正泰陵、仁宗嘉庆昌陵、文宗道光
慕陵、德宗光绪崇陵，共 4 座帝陵
及其后妃陵。

陵区内有石建筑、石雕百余座。
坐落在大红门前宽阔的广场上的三架
巍峨高大的石牌坊，为西陵最具特色
的石建筑之一。一架面南，两架各朝
东西，成品字形排列，与北面的大红
门形成一个宽敞的四合院，每架石牌

清西陵昌陵神道石文臣

坊高 12.75 米、宽 31.85 米。五间六柱十一楼造型，虽为青白石料的仿
木结构，却全部采用卯榫对接形式，楼顶雕有楼脊、兽吻、瓦垄、勾滴、
斗拱、额枋等。坊身雕有高浮雕的龙、凤、狮、麒麟和浅浮雕的花草、
龙凤等图案，相映成趣，生机盎然。三架牌坊是中国历代帝王陵墓中
的孤例，具有很高的人文价值和艺术价值。

雕　刻

砖　雕

在青砖上雕刻出人物、山水、花卉等图案，用以装饰建筑物的构件

和墙面，称为砖雕，通常也指用青砖雕刻而成的雕塑工艺品。

◆ **沿革**

中国砖雕是由东周瓦当、空心砖和汉代画像砖发展而来的。汉代画像砖是墓室预制构件的大型空心砖，它是在湿的泥坯上用印模捺印各种图像。北宋时形成砖雕，成为墓室壁面的装饰品。在河南、山西、甘肃等地发掘的北宋墓室，三面墙壁均以砖雕贴砌而成。墓室内的砖雕数量、质量以及所选用的题材，都取决于墓室主人的社会地位。常见的题材有墓室主人夫妇对坐、男仆托盘、侍女执壶等，再现了墓室主人生前的生活情景。金代，墓室砖雕的内容更加丰富，技艺也有所提高。建于金大安二年（1210）的山西侯马董玘坚墓室，在不足 4.7 平方米的面积上，砖雕布满全室，雕刻有模仿木结构的斗拱、拱眼、藻井、大门、隔扇等，以及屏风、几凳、花卉、鸟禽、人物、演戏场面等图案，其中站立在戏台口的生、旦、净、末、丑等演员运用圆雕技法，形象栩栩如生，是金代砖雕的代表作品。元代，墓室砖雕逐渐衰落。至明代，砖雕由墓室砖雕发展为建筑装饰砖雕。例如，南京明孝陵宫城东西两侧的砖雕八字墙上雕刻大卷草折枝花等浮雕图案，安徽凤阳明代中都城址内须弥座上的折枝花和梅花、鹿、云彩、龙等砖雕图案；同时，安徽、江苏等地的民间砖雕也有了发展。清代，北京紫禁城宫廷内墙面夹柱的通气孔也都使用砖雕，镂雕花鸟图案，牢固而美观，且利于空气流通。慈禧太后陵寝隆恩殿及其东西配殿的墙面也用砖雕贴砌而成，有的贴金，辉煌耀目。建于清同治（1862～1874）年间太平天国将领李世贤的浙江金华府第，其前庭照壁的砖上雕刻龙、凤、仙鹤等图案，风格刚劲粗壮。清代民间砖雕除江苏、安徽外，在山西、浙江、福建、广东、北京等地有了很大的发展，它们大多作为官吏、富豪、地主宅院的厅堂、大门、照壁、祠堂、戏台、山墙等建筑的装饰，雕刻精巧，有的陪衬以灰泥雕塑或镶嵌瓷片，争奇斗胜，富贵华丽。清代后期，砖雕趋向繁缛细巧，具有绘画的艺术趣味。

◆ **艺术特色**

砖雕大多作为建筑构件或大门、照壁、墙面的装饰。由于青砖在选料、成型、烧成等工序上质量要求较严，所以坚实而细腻，适宜雕刻。在艺术上，砖雕远近均可观赏，具有完整的审美效果。在题材上，砖雕以龙凤呈祥、和合二仙、刘海戏金蟾、三阳开泰、郭子仪做寿、麒麟送子、狮子滚绣球、松柏、兰花、竹、山茶、菊花、荷花、鲤鱼等寓意吉祥和人们所喜闻乐见的内容为主。在雕刻技法上，主要有阴刻（刻画轮廓，如同绘画中的勾勒）、浅浮雕（压地隐起）、深浮雕、圆雕、镂雕、减地平雕（阴线刻画形象轮廓，并在形象轮廓以外的空地凿低铲平）等。民间砖雕从实用和观赏的角度出发，形象简练，风格浑厚，不盲目追求精巧和纤细，以保持建筑构件的坚固，能经受日晒和雨淋。

明清宫廷建筑雕刻

明清宫廷建筑雕刻以北京故宫内的建筑雕刻为代表。自天安门（明称承天门）的华表，经三大殿（太和、中和、保和）三台玉阶石雕，直至后宫御花园钦安殿的石刻，无论是石雕、琉璃建筑雕刻还是陈设在宫殿门前的、青铜铸造或铜鎏金立体兽像，都是这一类雕刻的代表作品。

明清宫廷建筑雕刻多以龙、凤为主题，但又有各自的时代特点。如天安门前后的明代白石华表，是以多种雕刻手法雕造的建筑装饰。缠绕在华表柱身的主体龙纹，以压地隐起的浅浮雕手法雕刻，使华表整体浑厚挺拔。柱头横贯透雕的云朵，莲瓣石盘上饰以圆雕的"坐吼"，华丽的八角座围以雕刻精致的龙纹栏板和饰有圆雕狮子的望柱，都衬托出

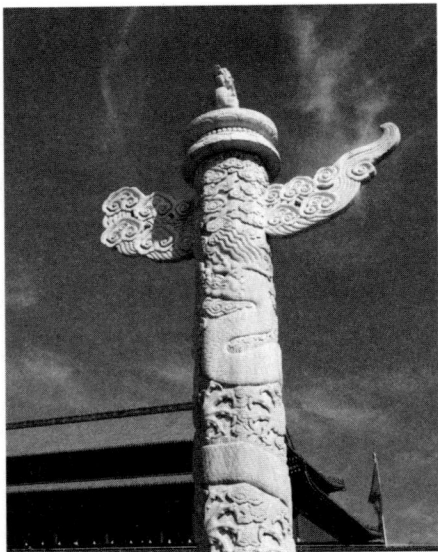

北京天安门华表

白石华表特具的素洁华贵之美。御花园钦安殿殿前铺地石上的水族画像、御路石的主体纹饰龙凤雕刻及其两侧的踏垛石上的纹样等都是浅浮雕。栏板雕刻小巧玲珑的龙纹，用牡丹花衬地，其间杂以菊花、莲荷、勾莲和茶花等花样，边饰是在二方连续的锦地上雕刻隐起平钑的夔龙。边饰纹样说明明清宫廷建筑雕刻承袭宋元装饰纹样和技法。三大殿的玉阶三台的御路石主体龙纹是以"剔地起突"的高浮雕表现的，保和殿后最大的艾叶青石御路石雕，为清代宫廷建筑雕刻中的典范作品。石雕露出地面部分长达 16.57 米，宽 3.07 米，厚 1.7 米，雕刻 9 条巨龙及流云、海水江涯。巨龙以 3 组品字形自上而下垂直排列，具有浓重的图案趣味，正中雕盘曲的蟠龙，两侧为对称的昇龙，姿态各异，皆作嬉珠的动势。这是乾隆二十五年（1760）下令凿去旧有的明代纹饰后重新雕成的。剔

地起突的高浮雕巨龙，起伏错落的流云、海水江涯，与四周缠枝蕃花的边饰构成统一完整的雕刻图案，宛如一块气势雄伟的立体织纹地毯。数以百计的以云层为衬托的龙、凤和火珠望柱栏板相组合的三台玉阶，映衬金碧辉煌的雄伟大殿，构成宫廷建筑上统一完美的艺术效果。

　　明清两代琉璃瓦生产在数量和质量上都超过以往任何朝代，琉璃雕刻也是清代宫廷建筑雕刻中的重要作品。乾隆时建造的两座九龙壁是其中的代表作。一座建于乾隆二十一年，在清宫的西苑（今北海公园），与白塔隔海相望。一座是乾隆三十六年开始改建宁寿宫区时所建，为皇极门前的照壁。传说都是仿照明洪武（1368～1398）年间山西大同代王（朱元璋第 13 子朱桂）府前的九龙照壁修建的。壁身上面覆以琉璃屋顶，底座为须弥座，艺术风格上既有相似之处，又有所变化。北海九龙壁全长 25.52 米，高 6.9 米，厚 1.42 米，较代王府前的略小，为两面

北京故宫太和殿玉阶石雕

北京北海公园九龙壁（全长25.52米，高6.9米，厚1.42米）

北京颐和园铜牛

起突的高浮雕。皇极门前的九龙照壁为适应门前庭院宽广的需要，东西加宽，长29米，高仅3.5米。九龙壁全部以彩色琉璃烧制而成，九龙身躯矫健，雄踞正中的巨龙为黄色琉璃，左右各4条游龙，皆以海水作地，以山石为间隔，龙的色彩姿态各不相同，如腾飞于波涛云海之间，色彩艳而不俗。由于浮雕的高度不同，整个壁面起伏强烈。这块以470个雕塑块拼接的壁面说明烧制技术及建筑艺术都有新的发展。这类拼接的建筑雕刻在宫廷建筑中极为普遍，如宫殿门前的琉璃花鸟照壁、玻璃花门、花坛以及顶脊上的琉璃吻兽等。这些既是宫廷建筑的装饰雕刻，也是强固建筑的构件。

　　此外，还有一些陈设在皇城或宫殿门前的建筑装饰圆雕。题材以狮子为最多，故宫后宫有龙、凤、麒麟、象等；颐和园有铜牛等。雕刻材料有石、青铜、铜鎏金等不同质地。狮子以其硕大的体积和辉煌的色彩，加强着宫廷的威严与神圣，是明清宫廷建筑中的有机组成部分。

雕　塑

中国陵墓雕塑

　　中国陵墓雕塑是指中国古代陵墓前列置的纪念性雕塑。多为中国古代封建帝王、臣属陵墓前仿照生前仪卫所列置的石雕人物和动物，以巨大的形体、庄严肃穆的整体气氛，显示着陵墓主人的威严。陵墓雕塑大部分列在陵墓前的"神道"上。据唐代封演《封氏闻见记》载："秦汉以来，帝王陵前有石麒麟、石辟邪、石象、石马之属，人臣墓前有石羊、石虎、石人、石柱之属，皆以表饰坟垄，如生前之仪卫耳。"

河南巩县（今巩义市）永定陵石雕群（宋）

北京十三陵石象（明）

今天所能见到的最早的陵墓雕刻，主要是霍去病墓石刻。西汉以后，遗留下来最多也最有特点的陵墓雕塑主要为东汉、南朝、唐代、北宋及明代之物。自唐代乾陵始，神道石刻数目众多，且成定制，而河南巩县（今巩义市）宋代皇陵石雕群，阵容壮观且别具风格。一般说来，唐代以后，陵墓雕刻中的石人主要是勋臣、文臣、武臣3种，皆为圆雕立像，石兽一般为石狮、骆驼、象、麒麟、羊和马6种，无论石人、石兽都是成双成对、左右对立的。陵墓雕塑往往体量较大，建筑感强，表现出一种恭敬严肃的神情。

元代雕塑

中国蒙古族统治者早在建立元朝之前，便先后仿照汉族建筑样式，营建上都及大都两个都城。两都的各种宫殿坛庙建筑组群都有石雕、木雕和琉璃制品。分布各地的寺庙塑像、石窟造像等亦展示了元代雕塑艺术的概貌。

◆ 宗教雕塑

西藏化的密宗佛教——喇嘛教，受到元朝统治者的高度重视和特别尊崇。喇嘛教样式的寺宇、白塔、金银铜铸、木石雕刻以及泥塑脱胎等喇嘛教造像，在通晓西土梵像规格样式的雕塑匠师指导和影响下，在两都和全国各地兴造起来。造像除阿弥陀佛、释迦牟尼佛、弥勒佛、五方佛、千手千眼大悲菩萨、天王等过去习见的佛教显宗、密宗造像外，又有一些陌生的、形形色色的救度佛母、马哈哥剌（麻哈葛剌）等神像。曾见于史籍记载的喇嘛教样式的寺宇造像均早已毁灭或不知下落，但元代佛教造像实物尚有不少遗存。如北京西郊十方普觉寺（俗称卧佛寺）的铜铸佛涅槃像（至治元年，即1321），北京昌平居庸关过街塔基座券洞的四天王等浮雕（至正二至六年，即1342～1346），山西洪洞广胜下寺大殿的三世佛、文殊、普贤菩萨塑像（大德九年至至大二年，即1305～1309），山西襄汾普净寺的华严三圣（毗卢遮那佛、文殊、普贤二菩萨）、观音菩萨、地藏菩萨、十八罗汉等塑像（多为元代作品），山西灵石资寿寺（泰定三年，即1326）中的79尊塑像（其中不少为

增长天王像（元代）

文殊菩萨（元代）

元代作品），山西五台广济寺大雄宝殿的塑像组群（至正年间，即 1341～1370），山西浑源永安寺传法正宗殿（延祐二年，即 1315）的三世佛、罗汉、天王塑像，四川阆中永安寺大殿（壁间题有"至正戊子"，即 1348 年题记）的三佛、十地菩萨、六臂观音等塑像，云南昆明圆通寺（大德五年至延祐七年，即 1301～1320）的泥塑佛像，西藏萨迦寺等处也

三尊像（元代）

太上老君（元代）

人面狮身石雕（元代）

保存有不少元代雕铸的佛像，山
西霍州市千佛崖的千手千眼大悲
菩萨摩崖造像，甘肃敦煌莫高窟
第 18、95 等窟的塑像，浙江杭州
飞来峰的摩崖龛像，浙江普陀太
子塔的佛与四天王像，浙江宁波
阿育王寺的浮雕天王像，江苏苏
州吴中区寂鉴寺石屋的弥陀、弥
勒及二十四诸天造像（至正十八
年，即 1358），此外，江苏苏州
吴中区万佛石塔（大德十年，即

胃土雉（元代）泥塑二十八宿之一

1306），广东南雄珠玑古巷石塔（至正十年，即 1350）上面作为装饰
的砖雕、石雕佛、菩萨、天王、力士、伎乐等形象，元大都遗址出土的
铜、瓷菩萨、罗汉像，以及散存于各地的元代佛教造像，都展现出元代
佛教雕塑风格面貌的丰富性和多方面艺术成就。其中尤以杭州飞来峰摩

崖造像和北京居庸关过街塔基座券洞浮雕具有代表性。从上述元代佛教雕塑遗物可以看到，喇嘛教雕塑样式虽广泛流行，但汉式佛教造像还是占大多数。即使一些以喇嘛教特色著称的雕塑作品也很少是道地的喇嘛教雕塑样式，而是经过内地雕塑匠师的再创造，不同程度地与汉式佛教雕塑相融合，使内地民众感到比较亲切，易于接受。

元朝时期道教是仅次于喇嘛教的另一大宗教，也甚得统治者的尊崇。它的两大教派全真道和正一道分别流行于黄河南北与长江以南。在当时的上都、大都，按照皇帝、皇后的旨意修建了许多道教宫观，其中道像多是著名雕塑家阿尼哥、刘元、那怀等所塑。现存元代道教雕塑不多，所知有山西洪洞龙王庙明应王殿的明应王、四近侍、四官员塑像（造于1319～1324年），山西晋城玉皇庙的二十八宿等塑像，太原龙山石窟（造于1234～1239年），湖北武当山华阳崖、玉虚岩的真武帝君、雷部诸神雕像等。其中以龙山石窟（有洞窟8个）和晋城玉皇庙较重要。

另在福建泉州一带发现有一些元代基督教（元代称里可温教）、印度教以及摩尼教（旧译为明教）的雕刻遗物。

◆ 随葬墓俑

元代典章中没有俑葬制度的规定。居统治地位的蒙古贵族本无用俑随葬的习俗，宋代以来流行以焚烧纸扎人马代替用俑殉葬的风气，至元代更为广泛流行。此外，释迦牟尼的火葬之说，也促进了纸扎人马取代不能随尸体焚化的陶俑的广泛应用。故在元代，只有少数汉族（个别为契丹族）官僚还沿袭俑葬旧习。出土陶俑较多的有陕西西安南郊曲江池西村的元京兆总管府奏差提领经历段继荣夫妇合葬墓，出土陶男女俑、

牵马俑（元）

陶马共 32 件；陕西长安区曲村的耶律世昌（仕于元的契丹人）夫妇合葬墓，出土包括各式陶俑在内的陶制明器 95 件；陕西鄠邑区秦渡的元左丞相上柱国秦国公贺胜墓出土陶俑 92 件。

上述元俑大都具有浓厚的写实风，无论男女文武，面目服饰均呈蒙古族特征，神情喜悦开朗，异常劲健而富有朝气，然容貌多有雷同，罕见刻画较有深度的作品；陶马形象远逊于人物。

元俑的另一种表现形式是镶嵌于仿木结构砖室墓壁的杂剧、散乐以及民间社火节目的雕砖（有的是模印）人物。此种杂剧、散乐雕砖在中原一带，始于北宋，盛行于金，元代仍颇流行。

◆ 其他

工艺装饰和小型观赏性雕刻，元代继宋、金之后，又有所发展。其中一类是由工部诸色人匠总管府下属的出蜡局提举司、铸泻、铜局、银局、玛瑙玉局、石局、木局及将作院诸路金玉人匠总管府下属的某些司局匠师制作的，专供皇室奢侈豪华生活之所

陶坐龙（元代）

需；一类为民间作坊或个体专业、业余艺人所制作，其中有适应士大夫文人燕闲清赏的案头摆设、文房用品，也有作为儿童玩物的小雕塑。使用的材料既有贵重的金、银、玉、玛瑙，也有普通的铜、陶、瓷、竹、木、石、泥等。题材与表现形式多种多样，代表着一部分雕塑艺术脱离宗教礼拜偶像性质而转向世俗的、以审美为主的发展趋势。

元代雕塑家之被载入"正史"者有阿尼哥、刘元，隶属于元朝政府有关机构的雕塑匠师的姓名见于《元代画塑记》，其他活动于各地的民间雕塑能手则偶然见于地方志或金石著录等书。

宋代雕塑

宋代雕塑继承并发展隋唐以来的传统，在反映现实、表达思想情感的广度与深度方面都前进了一步。占比重很大的佛教雕塑由于禅宗的盛行，作为礼拜偶像的那种神圣性和理想性减弱，而世俗化的现实性大为增强。道教雕塑的内容与形式较前丰富多样。用于殿堂、寺观、陵墓建筑组群平面布局的大型仪卫、纪念性雕刻，在样式、手法上有新的创造，但失去了前代同类作品的雄健伟岸的气概。以直接反映社会现实生活为主要特征用以殉葬的俑，无论数量还是质量，在同时期整个雕塑艺术中所占的地位都远不及前代那样重要。各种供人玩赏的小型雕塑的蓬勃发展，是宋代雕塑中引人注目的现象。

◆ 宗教雕塑

佛教寺庙造像保存至今的重要者有：河北正定隆兴寺大悲阁的大悲菩萨铜像（通高21.3米，971），摩尼殿的佛、阿难、迦叶塑像（1052）；

四川峨眉山万年寺普贤像
（通高 7.4 米，980）；河
南开封铁塔南的接引佛铜像
（高 5.14 米，可能为原开宝
寺的遗物）；湖南湘乡云门
寺（1050）的大悲观音塑像
和十八罗汉石像；山西晋城
古青莲寺释迦殿的佛、弟子、
菩萨 5 身塑像，青莲寺南殿
的佛、弟子、菩萨等 12 身
塑像，长治长子法兴禅寺圆
觉殿的 17 身塑像（1111）等。
可以概见宋代佛教寺庙造像
的多种风貌与艺术水平。

金刚力士（宋代）

　　佛教造像最为丰富多姿的是非主要礼拜对象的罗汉群像雕塑。据
文献记载和现存实物所知，有北宋雍熙元年（984）在浙江天台寿昌寺
造五百一十六罗汉，咸平四年（1001）自颍川郡迎五百罗汉铜像于汴京
（今河南开封）大相国寺，汴京开宝寺东院造五百罗汉，大中祥符元年
（1008）河南辉县白茅寺造五百罗汉，咸平至乾兴（998～1022）年
间"技巧夫人"严氏以檀香木透雕瑞莲山五百罗汉，庆历五年至七年
（1045～1047）广东曲江南华寺木雕五百罗汉，绍圣二年（1095）至
政和五年（1115）陕西黄陵万佛洞造五百罗汉，政和四年河北行唐普照

阿弥陀佛坐像（北宋）

院造罗汉一堂，宣和二年（1120）四川阆中香城宫造五百罗汉，宣和六年宋齐古自闽中运金漆木雕五百罗汉置山东长清灵岩寺，南宋绍兴（1131～1162）年间临安静慈寺塑五百罗汉像，金国统治下的山西平遥慈相寺有天会（1123～1137）年间所塑五百罗汉等。上述作品只有曲江南华寺和黄陵万佛寺两处全部或大部保存下来。此外，约塑于大中祥符六年（1013）的江苏吴县甪直镇（今属江苏省苏州市吴中区）保圣寺的十六罗汉塑壁和可能塑于嘉祐六年（1061）的山东长清灵岩寺千佛殿的40身罗汉像中的大部分，也有部分保存下来。从中可见宋代雕塑匠师通过罗汉群像的制作，创造了多种性格、气质和具有相当思想深度的艺术形象。

宋代佛教开窟造像之风，在莫高窟、麦积山石窟、龙门石窟、杭州西湖等原有窟龛造像的地方，规模和数量不等地在继续发展着。在四川大足等地和陕西北部一带也新开了一些窟龛。除陕北延安清凉山、黄陵万佛洞外，又发现安塞的石子河、龙岩寺、招安、黑泉驿，志丹县的吕川、三台山、白沙川，子长县的北钟山，富县的川河、阁子头寺等石窟、摩崖造像近20处，规模虽都不很大，但有不少艺术水平颇高的作品。

四川境内知名的宋代窟龛造像有富顺罗浮洞、广元千佛崖、资阳大佛崖、荣县和绵阳的石佛等。大足一县之内就有窟龛造像 10 多处，其中北山的佛湾、宝顶山的大佛湾更是宋代佛教造像荟萃之地。

由于统治者的推崇，道教在宋代得到进一步的发展，神祇名目大增，形成了庞大体系。当时著名的道教宫观很多，如汴京的玉清昭应宫、上清宫、宝篆宫、醴泉观，临安的太一宫、景灵宫、延祥观、报恩观、玄真观、四圣观，东岳大帝一神便有临平、吴山、坛山、汤镇、法华山等数处行宫。外州府县的道教庙宇更不知有多少，现存宋代道教庙宇造像仅有山西晋城二仙观的二仙姑及四胁侍塑像，以及苏州玄妙观三清殿的三清塑像和四川江油云岩寺（原为道观，后改为佛寺）飞天藏殿（1181）的木制飞天藏上的木雕道像。此外，未纳入道教神仙系统的种种"祠祀"造像原是很多的，现存山西太原晋祠圣母殿的圣母及 42 身宦官、女官、侍女塑像，为宋代雕塑中的优秀之作。道教石窟造像除了福建泉州清源山的露天老君大石像外，其余都在四川大足一带，重要者如大足南山的三清洞、真武帝君窟、圣母龛和龙洞，保存了多种道教艺术形象。舒成岩的东岳大帝、玉皇大帝、紫微大帝、淑明皇后等龛，共有大小造像100 多身，是研究宋代道教雕塑的珍贵实物资料。

◆ **陵墓雕塑**

于宫殿、庙宇前设置圆雕的铜、铁、石狮，在宋代是普遍现象，而于帝后、显贵陵墓地面建筑的平面布局中设置人物、动物石刻组群，似只限于北宋。南宋政权偏安东南，诸帝茔冢均名曰"攒宫"，以示有朝一日恢复中原再建正式陵墓之意，故均不曾有石人、石兽的设置。北宋

的七帝八陵均在河南巩县
（今巩义市）境内，连同
各陵的后妃袝葬墓和大臣
的陪葬墓，形成一个纵横
数十里的巨大陵区，为其
后明、清两朝陵区设计的
先驱。北宋陵制大体取法
唐陵，更为划一，规模较小，
布局紧凑。帝后陵前石刻
现存总数550多件，加上

女坐俑和侍女俑（宋代）

陪葬墓前石刻，达1000件以上。

　　由于葬俗有所变化，随葬的俑每被纸札所代替，故宋俑数量较前代为少。出土有俑的墓葬以河南、四川、江苏、江西、浙江、福建等地较多。河南方城绍圣元年范氏墓和重和二年（1119）疆氏墓出土的石俑比较丰富而有特色。禹县（今禹州市）白沙赵大翁墓和偃师酒流沟宋墓出土的杂剧、散乐人物雕砖，开创了俑的一种新形式。四川成都、广汉等地出土的釉陶俑，别具一格。浙江杭州老和山和江苏泰县（今姜堰市）出土的木俑，雕刻洗练准确，充分显示了材质、刀法之美。江西景德镇等地出土的捏塑白瓷俑，有多种装扮和表情，可能是南戏或民间杂耍的角色。福建出土的许多南宋时期的寿山石雕俑，说明了著名的寿山石雕工艺有很长远的历史。

◆ **其他**

小型玩赏性雕塑有竹、木、陶瓷、玉石或泥土等各种材料制品，以多种多样的题材、形式适应社会各阶层的生活习俗和欣赏要求，走进千家万户。各式各样的泥塑拥有更为广泛的群众性，如鄌州田氏泥孩名扬天下，苏州生产的泥娃娃被誉为"天下第一"。

辽金雕塑

中国五代、两宋时期，契丹族贵族建立的辽朝（938～1125）和女真族贵族建立的金朝（1115～1234）相继统治中国北部广大地区，历时300余年。雕塑艺术发展的趋向和水平，与中原地区大体相同。

◆ **寺庙雕塑**

契丹、女真贵族原都信奉流行于中国北部边地的萨满教，后来为在广大汉族地区建立统治，又都改而推崇佛教。其佛教寺庙造像遗物有造于统和二年（984）的天津蓟县（今蓟州区）独乐寺高16.27米的十一面观音及胁侍菩萨、护法金刚塑像，造于开泰九年（1020）的辽宁义县奉国寺的七佛、菩萨、天王塑像，造于重熙七年（1038）的山西大同下华严寺薄迦教藏殿的三身佛、弟子、菩萨和天王塑像群，造于重熙（1032～1055）年间的大同观音堂的观音、四胁侍菩萨、十大明王石雕像群及山西应县佛宫寺释迦塔内各层塑像群等，都是当时佛教雕塑的优秀之作。特别是一些胁侍菩萨，面型和身材渐趋修长，表现了一种新的优美风格。

辽代另一佛教造像形式是嵌砌于众多的砖塔上的浮雕，著名者如北

山西大同下华严寺薄迦教藏殿菩萨立像（辽代）

京天宁寺塔，第1层塔身四正面有拱门，门两侧浮雕力士，全系晚唐风格。又如北京房山云居寺北塔，建于乾统七年（1107）的辽宁沈阳无垢净光塔，辽阳白塔、云接寺摩云塔、八棱观塔，义县嘉福寺塔，建于统和至太平（983～1031）年间的内蒙古呼和浩特万部华严经塔，巴林左旗林东塔，巴林右旗古庆州白塔，宁城县大明塔等，均在第1层或第1层、2层塔身各面以及基座周围施以雕刻精美的佛、弟子、菩萨、护法天王或力士、飞天、法器、瑞兽等砖雕，是辽代佛教雕塑极其丰富的遗存。在内蒙古巴林左旗一带，还保存有辽代开凿的洞山石窟（有大小石窟100余个）。三山屯石窟和前后昭庙石窟，规模虽然不大，但对研究辽代晚期佛教石窟造像在契丹族故地的发展，特别是在内蒙古一带辽代寺庙造像毁圮无存的情况下，有其不可忽视的意义。

金代佛教寺庙造像遗物较辽代为多，大都是在山西境内。重要者有造于天会（1123～1137）年间的平遥县慈相寺的三佛塑像，约造于天会十五年（1137）的五台县佛光寺文殊殿的文殊菩萨及侍者塑像组群，约造于天会至皇统（1123～1149）年间的大同善化寺三圣殿的华严三圣塑像及大雄宝殿的五方佛、弟子、菩萨、二十四诸天等庞大塑像组群，

造于皇统三年（1143）的朔县（今
朔州市）崇福寺弥陀殿的西方三
圣、弟子、护法天王塑像组群
及观音殿的观音、文殊、普贤
三菩萨塑像（金塑），造于正
隆三年（1158）的繁峙岩山寺南
殿的佛、弟子、菩萨、天王塑
像组群，造于明昌（1190～1196）
年间的新绛白胎寺释迦殿的佛、
弟子、菩萨、罗汉共 11 尊塑像
组群，另造于泰和二年（1202）
的交城七佛岩白云寺连座带背
光的坐佛石雕像，造于明昌三

文殊菩萨骑狮像（金代）

年（1192）的祁县西六支惠安寺的观音、大势至菩萨石雕像头部，共同
展现了金代佛教寺庙造像的风格面貌和艺术成就。金代佛教石窟摩崖造
像不多，所知仅陕西富县石泓寺和山西吉县挂甲山 2 处。石泓寺有大小
石窟 7 个，第 1 窟最大，其主要开凿工程是金代完成的。主像为坐佛和
弟子、菩萨一铺，其他大小造像 3000 多躯，堪称金代石造像之大观，
窟内有皇统元年（1141）及贞元二年（1154）题记。挂甲山有大定十九
年（1179）造思维菩萨浮雕、佛及二弟子二菩萨浅浮雕。

　　金朝统治时期，道教中的全真道在北方发展起来，而道教的庙宇造
像保存至今的，所知只有建于大定（1161～1189）年间的山西晋城高

都镇的东岳庙一所。庙中天齐殿有东岳天齐仁圣帝及侍者塑像 5 尊，虽经明代重装，仍不失金塑风采。

◆ 陵墓雕塑

辽、金两代陵墓制度大体与宋代相同，但陵墓均遭严重破坏。地面建筑、雕刻设置多已毁坏无存。位于内蒙古巴林左旗辽祖州城遗址附近山谷中的辽太祖耶律阿保机陵墓，仅有石人、石经幢和契丹文碑等残存。位于巴林右旗古庆州城遗址附近的辽圣宗、兴宗及道宗三帝陵，总称庆陵，地面仅有享堂、两庑、羡道等基址可见。唯新疆莎车县境内的西辽（1124～1211）五墓尚有石人、石马遗存。陵墓雕刻之外，宫殿、寺庙前的仪卫性雕刻，在北京房山区云居寺遗址及内蒙古宁城县辽中京遗址尚有少数石狮残躯留存。金代帝陵区在北京房山区西大房山一带，

杂剧人物俑（金代）

其中包括祖陵 10 座、帝陵 5 座和追尊
为帝之陵 2 座，共 17 座，明天启二年
（1622）掘毁。部分虽经清初修葺，
但已非金陵原貌，后遂荒废。

击鼓舞蹈童俑（金代）

金代高官显贵的墓葬多在东北地
区，所知除位于吉林长春东南郊的完
颜娄室墓和位于舒兰的完颜希尹及其
家族墓群外，在吉林的怀德、双阳、
榆树、九台、长岭、敦化等县境内，
也发现有女真贵族墓。这些坟墓前多
有神道石碑、石望柱、石虎、石羊和
石人遗存，石雕艺术风格，与中原唐、宋陵墓雕刻相近，唯稍粗糙朴
拙。另位于山西忻州市韩岩村的金代文学家元好问墓，墓前所存石人、
石兽也具有一定的艺术水平。

金代坟墓、庙宇前的仪卫性狮、虎雕塑遗物，散见于各地的尚有不少。
如现置于河北石家庄市烈士陵园（原在鹿泉区某庙前）的大定二十四年
（1184）铸造的一对铁狮，堪称古代狮子雕塑的杰出创造。现存北京国
子监（原在阜成门外铁狮子庙）的泰和八年（1208）铸造的抚球铁狮，
别具一格，更可贵的是它们都有作者款铭。与上述泰和八年铁狮并列的
一躯有"官"字款的石虎，实为同一题材作品中不可多得的佳作。属于
建筑装饰性的金代小型石狮群雕，当推位于北京丰台区建于大定二十九
年（1189）至明昌三年（1192）的卢沟桥，桥身两侧 140 根护栏柱头共

雕有 480 多只石狮。今所见多为后代陆续补雕，但那种大狮小狮"顾抱负赘"的生动活泼形式，却都是从金代创制中来的。

以俑随葬在辽代只是个别现象。内蒙古巴林右旗辽庆陵于 20 世纪初及 20～30 年代被盗掘，据说只发现木俑、木狗数件。中华人民共和国成立后，华北、东北地区发掘清理辽贵族官僚墓不少，而出土陶、石俑的墓葬则仅寥寥数座。其中仅北京大兴出土的天庆三年（1113）马直温墓中的木雕十二辰俑、墓主人像和河北宣化出土的天庆六年（1116）张世卿墓中的木雕男女侍、武士及人首蛇身俑（共 23 件）值得注意，其艺术水平与同时期的佛教雕塑也远不相侔。金代以俑随葬比较普遍，然而金代陶俑很少唐宋以来的圆雕形式，侍从、仪仗俑大多是背连方砖。此外尚有砌于墓室壁面的散乐、杂剧人物雕砖。

隋唐雕塑

中国隋唐时代在经历了延续约 3 个半世纪的分裂和动荡以后，重新得到统一和安定，进入一个政治经济空前繁荣的历史时期，从而促使雕塑艺术的发展出现新高峰。经过隋和初唐的过渡阶段，融会了南北朝时北方和南方雕塑艺术的成就，又通过丝绸之路汲取了域外艺术的养分，雕塑艺术到盛唐时大放异彩，创造出具有时代风格的不朽杰作。最具时代风格的作品，首推帝王陵墓前那些气势雄浑华丽的大型纪念性群雕。晚唐时期，由于王朝统治的衰微和经济的凋敝，雕塑艺术也失去发展的势头，丧失了原有的风采。

隋唐雕塑作品的题材，主要是陵墓雕刻、随葬俑群、宗教造像，也有供玩赏的小型雕塑艺术品，如儿童玩具等。此外，用于建筑或器皿装饰的工艺雕塑也有精美的作品。

隋唐雕塑的题材、技法和风格，特别是宗教造像，对日本、朝鲜等国的古代雕塑有很大影响。

◆ 陵墓雕刻

唐朝皇陵的陵墓，主要集中分布在陕西省的乾县、礼泉、泾阳、三原、富平、蒲城 6 县，在 18 座陵前至今都保存有大型陵墓石刻群，可称为唐代大型纪念性群雕的艺术宝库。最初的高祖李渊献陵和太宗李世民昭陵的石刻，由于处于王朝初期，尚未形成制度，故与以后诸陵不同。献陵的四门各有 1 对石虎，内城南门以南排列石犀和石华表各 1 对，造型浑厚，雕工古朴。昭陵原只置有李世民生前所骑 6 匹战马的浮雕像，

"昭陵六骏"之一"飒露紫"及丘行恭像（唐代）

习称"昭陵六骏"。马的姿态或伫立,或缓行,或急驰,仅"飒露紫"一件上有人物浮雕,为唐将丘行恭为其拔箭的情景。雕工精细,形体准确,造型生动,是初唐大型浮雕的代表作。此外,在司马门内还有唐高宗永徽(650～655)年间所立的 14 尊蕃酋像。

从唐高宗李治和武则天合葬的乾陵开始,陵前石刻形成制度。内容按性质不同分为 6 类,即:①狮子。②石人、石马和马伏。③翼兽和北门 6 马。④蕃酋像。⑤华表。⑥碑石、无字碑及述圣记碑。其中蕃酋像只有少数陵前置有。其排列位置以乾陵为例,除内城四门各置 1 对石狮和北门置有 6 马(今仅存 1 对)外,其余石刻都排列在南面第 2、3 道门之间,从南至北,计有华表、翼兽、鸵鸟各 1 对,石马及马伏 5 对,石人 10 对,还有无字碑、述圣记碑和蕃酋像 61 身。石刻组合制度化,气魄雄伟,与建筑群相配合,形成肃穆、庄严、神圣的气氛。中唐以后,泰、建、元、崇、丰、景、光、庄 8 陵的石刻,因安史乱后唐王朝政治、经济日趋衰落,因而无法与盛唐石刻相比,制作粗疏、体态无力、线条松散,渐失原有的雄伟风格。晚唐的章、端、贞、简、靖 5 陵,虽仍保持着墓前石刻群的设置,但体态瘦小,雕工粗率,显示出衰微破败的气氛。至于创造唐代

乾陵石马与牵马人(唐代)

陵墓雕刻的艺术家，因系当时身份低下的匠人，姓名多不可考，仅在献陵的石犀上留有题铭，为"武德拾年（627）九月十一日石匠小汤二记"。这位小汤二，是唯一留下名字的唐陵石刻艺术的作者。

◆ **随葬俑群**

随葬俑群主要是陶塑，也有一些瓷塑、泥塑、木雕和石雕。陶俑中，除一般陶质或施彩绘外，也有釉陶俑。特别是这一时期创制出一种三彩俑，器表施有黄、绿褐、蓝、黑等彩釉，胎色有红、白 2 种，其烧成温度较瓷器略低，以釉色绚烂多变而受人喜爱。

隋至初唐的俑群中，人物形态的塑造处于由南北朝向盛唐的过渡阶段，还常常显露出北齐、北周时期形成的地方特征。镇墓武士俑仍继承着以前的按盾伫立的姿态；镇墓兽姿态呆板地蹲坐在地上；侍女长裙曳

女侍俑（隋代）

骑马女俑（唐代）

狩猎胡俑（唐代）

地，面容呆滞，缺乏生气。

盛唐时期，俑群的塑造风格多变，人物形体趋向肥满丰腴，造型准确，姿态传神。镇墓武士改作天王状，全装甲胄，体态雄健，足踏小鬼，风仪威猛。镇墓兽也从蹲坐改为挺身直立状，伸臂，鬃毛飘张，狰狞可怖。女侍的形象最为传神，高髻长裙，面容丰腴，显示出唐代崇尚的杨玉环式的美感。造型比例准确，姿态颇为生动，轮廓曲线富于变化，代表了唐代人物圆雕的高度成就。

动物雕塑也极传神，特别是骏马和骆驼。骏马体态劲健，或伸颈嘶鸣，或缓辔徐行，或昂首仁立，神骏异常，加上马具华丽，釉色晶莹，至今仍为人们所喜爱。同时唐俑中还不乏造型生动而富有想象力的佳作，如体高达58.4厘米的驼背上，驮载着成组的乐队和正在翩翩起舞的舞蹈家。再如将威猛的狮子塑成蹲坐在地上，以后肢搔颈的憨态，逗人喜爱。此外，也有的俑生动地显示了当时的生活习俗，如西安十里铺出土的三彩对镜梳妆俑、杨思勖墓出土抱有成套兵器的武士石雕、韦洞墓出土的骑马击球俑、新疆阿斯塔那唐墓出土的庖厨操作泥俑和舞狮子、演杂技的泥俑，都极生动传神，从不同角度反映出那时社会生活的真实情景。还应指出，俑群制作的目的并不是供人观赏的艺术雕塑，而是埋进坟墓的明器，因此它只能从一个侧面表现出唐代雕塑的成就。

◆ **宗教造像**

唐代宗教造像以佛教为主，也有道教造像。包括石窟寺中的石雕和泥塑、摩崖大像和造像龛、供寺庙内供养的石雕和金铜造像以及石质经幢的雕刻等。唐代石窟寺造像，在著名的敦煌、龙门、炳灵寺、天龙山等石窟中都有保存，其中石雕的精品以龙门石窟最为集中，著名的奉先寺卢舍那大像龛为其中的代表作，雕造于高宗时期。主尊通高 17.14 米，容貌丰腴，面相慈祥，微露笑意；两侧雕有弟子、菩萨、天王和力士，整铺造像气势雄伟，体现出盛唐雕塑艺术的高度成就。敦煌石窟中，唐代塑像同样表现出宏伟的气势，其中第 96 窟的"北大像"高 35.5 米（2002 年敦煌研究院数据），第 130 窟的"南大像"高 26 米，是莫高窟最引人注目的大型塑像。除了高大宏伟外，唐代石窟造像中也不乏体态婀娜的佳作，特别是天龙山石窟的菩萨像，躯体形成流畅的弧曲形态，极富美感。

隋唐时期金铜造像，大型作品发现不多，西安出土的隋开皇四年（584）董钦造阿弥陀佛像，下为高床，前有二护法狮子，其上在主尊两侧有二菩萨、二力士，各有背光，制工较为精致。唐代以后发现的多为小型的金铜造像，在唐长安城西明寺遗址、临潼武屯邢家村等处都有出土，数量颇多，邢家村窖藏所出完整造像即达 297 件之多。造像高度最高的 23.5 厘米，最矮的 3.2 厘米，由于体态过小，因此仅具大轮廓和必要的眉目口鼻，而缺乏细部描绘。题材有佛、菩萨、罗汉、力士等。

龙门石窟奉先寺卢舍那大佛（河南洛阳）

数量最多的是立姿的菩萨像，躯体作流畅的弧曲形，造型尚生动，显得身姿婀娜，还有一些图案色彩浓厚的菩提树形七佛造像。在众多的佛教题材造像中有4件道教造像，两坐两立，都着道冠，穿道袍，颔下蓄长须，执麈尾或玉符。这种佛道造像混同的现象，反映了当时人们宗教信仰的情况。唐代经幢雕刻均为分段刻制，然后叠合成全幢，一般由幢座、幢身和幢顶三部分构成。五台山佛光寺大中十一年（857）的经幢可作为代表。幢身分两段，下段长而粗，上段短而细，中间隔以雕有垂幔、飘带的宝盖，雕刻的形象是模拟原来的丝帛制品。顶部是上顶宝珠的攒尖顶。

◆ **小型雕塑品**

除供佩戴的玉石、琥珀等佩饰外，艺术形象较突出的是唐代流行的小型瓷玩具。在河南、陕西地区的唐代儿童墓中都出土过小型瓷玩具，在河南安阳北畿发现过专烧小型人、马、犬和盆、罐等的窑址。一些唐代著名瓷窑，如当阳峪窑和耀州窑也烧制小型玩具。一般大小只有 3～5 厘米，轮廓极简单，但作者力求形象简洁生动，抓住所塑对象的特点，

双凤双狮纹铜镜（唐代）

修定寺塔砖雕（唐代）

修定寺塔砖雕局部（唐代）

并选用动物幼小时头部较大而四肢较短的形体特征，塑造的形象头大体小，头上又突出一对大眼睛，然后夸张耳、鼻、嘴部的特征，因此显得稚拙可爱。最典型的标本是位于河南三门峡市的大中六年（852）15 岁女孩韩干儿墓，墓中包括乘坐牛车的娃娃、骑马的小骑士，以及小狗、小兔、猴子、狮子和小羊，体态玲珑，釉色晶莹，稚气可爱。

◆ **工艺装饰雕塑**

用于建筑装饰的构件常见的有陶质的鸱尾、瓦当和花纹砖。唐代瓦当和砖纹以莲花图案为主，在唐长安城发掘的大明宫等宫殿遗址出土很多。莲瓣多为宝装形式，呈高浮雕状，显得富丽华美。

用于金属器皿的装饰手法，如用于镜背的高浮雕，特别是唐代流行的海兽葡萄镜，镜背的植物和兽纹结构复杂，姿态生动，都呈高浮雕状，是精美的工艺品。

在金银器及铜器的制造中，有时也使装饰纹饰凸出器表，常见狮子、凤鸟、芝鹿等形象，也具有浮雕趣味。唐代瓷器较少附加贴塑装饰，显示美感主要靠简洁的器形和晶莹的釉色，但有时也稍加雕饰。如三门峡市唐墓出土的白瓷灯，造型简洁，但饰有一花瓣宽肥的覆莲座，配以洁净的白釉，极为典雅美观。

城市雕塑

为城市公共场所创作的雕塑作品。主要用于城市的装饰和美化。它使城市景观增加艺术氛围，丰富居民的精神生活。城市雕塑的建立一般要由行政部门或政府下令，由美术或雕塑组织具体负责筹划、实施。一般建立在公共场所，如道路、桥梁、广场、车站、码头、戏院、公园、绿地等处，既可单独存在，又可与建筑物结合为一个整体，互为补充，互相映衬。城市雕塑的题材范围较广，凡与该城市的地理特征、历史沿革、民间传说、风俗习惯、文化艺术、杰出人物等有关者均可采用；即使与此无关，但能起到美化城市、给人以审美享受者

《和平》（汉白玉雕塑）

也可采用。优秀的城市雕塑可被视为该城市的标志。

城市雕塑在形式上有圆雕、浮雕，在材料上有石、水泥、铜及其他金属材料。形体一般高大，气势恢宏，具有纪念意义，但亦有点缀场景形体较小者。城市雕塑在西方具有悠久的历史，从古希腊、罗马到中世纪、文艺复兴及17世纪、18世纪、19世纪、20世纪，直到21世纪，几乎遍及各国的大小城市，成为城市建设及其文化的重要组成部分。在中国，虽然秦始皇下令收缴天下兵器运至都城咸阳销毁，并铸成12个各重120吨的大铜人，排列在阿房宫殿前，但并不似西方那样自觉将其作为城市的组成部分。在以后的漫长岁月中也未出现类似西方的城市雕塑。直到20世纪上半叶，才在一些经济、文化比较发达的城市建立了

真正意义的城市雕塑。中华人民共和国成立后，特别是 20 世纪 80 年代以来，伴随改革开放和经济、文化的发展，城市雕塑在许多城市出现，中国的城市雕塑创作进入了新的发展时期。

纪念性雕塑

纪念性雕塑主要指为纪念重要人物或重大历史事件而制作的雕塑作品。

纪念性雕塑的形式多样，一般包括雕塑人像，建造石碑、纪念碑、纪念塔、城门和浮雕墙等。纪念性雕塑多使用能长期保存的雕塑媒材，并将其安置于纪念性建筑的综合体、广场或其他具有纪念意味的特定环

南京雨花台烈士纪念群像

境之中，具有庄严而永久的纪念碑特征。中国早在春秋时期就有纪念碑性质的刻石问世，而古代典型的纪念性雕塑，可从西汉霍去病墓石刻、东汉李冰像石雕及重庆大足宋刻赵智风像上窥其基本风貌。进入 20 世纪以后，纪念性雕塑得到了长足的发展，产生了大批极富时代特点的作品。如各种形式的孙中山纪念像，各种形式的抗日英雄纪念碑和纪念塔以及大批革命家、烈士、文化名人的纪念像，显示出纪念性雕塑的蓬勃发展。尤其是 1958 年 5 月 1 日揭幕的北京天安门广场人民英雄纪念碑基座上的 8 块浮雕，高度浓缩了中国人民近百年来革命斗争的光荣历史，体现出中国现代纪念性雕塑高超的艺术水准。

悬 塑

千佛庵彩绘悬塑

中国清初佛教雕塑。位于山西隰县西凤凰山千佛庵上院大雄宝殿中，彩塑约成于顺治（1644～1661）年间。悬塑为木骨泥质，贴金敷彩，高者 3 米多，小者十几厘米。大殿正壁有 5 个相连的佛龛，内塑药师、弥陀、释迦、毗卢、弥勒 5 尊主佛。主佛形体高大，面相平正，螺髻秀颈，结跏趺坐于圆形莲台之上，左右两边分立胁侍菩萨。佛像背后悬塑多层天宫楼阁，雕梁画栋，祥云流彩，曲折回环，布置谨严，繁而不乱，直至顶端。南北两侧壁上悬塑佛祖十大弟子立像。千佛庵彩绘悬塑是清初彩绘悬塑中难得的珍品。

山西隰县千佛庵毗卢佛龛

观音堂彩绘悬塑

中国明代雕塑。观音堂位于山西省长治市西北约 5 千米处的梁家庄村委会东。悬塑位于观音堂内的观音殿，共计 500 余尊，最高的为 2 米，最小的为 0.01 米。观音殿正中间的佛坛上塑观音菩萨，文殊、普贤二菩萨分列左右。观音菩萨上端塑佛祖释迦牟尼、道教教祖老子以及儒家创始人孔子的彩塑像。南北山墙上塑二十四诸天、十八罗汉、十二圆觉菩萨。三壁顶端塑彩塑数组，有天宫楼阁、西方圣境、十大弟子、十六尊者、护法金刚等。所有人物造型根据身份、职司之不同，安排其体量之大小，并描摹刻画出他们特有的面貌、动态和性格特征。绚丽多姿、妙趣横生的悬塑被巧妙地安插在不断升高、渐次缩小的飞云流彩的殿阁

十二圆觉菩萨和二十四诸天（局部）

之间，可谓金碧映彩、气象万千。

观音堂彩绘悬塑以表现三教祖师同堂而坐，儒、释、道题材样式和合为一的情景，充分展现了中国封建社会中晚期佛、道、儒相互依存、交流融合、鼎立发展的新格局。

彩　塑

平遥双林寺彩塑

中国明代中叶佛教彩塑。双林寺位于山西省平遥县城西南 6 千米处的桥头村。寺内天王殿、罗汉殿、千佛殿、释迦殿、菩萨殿等大小 10 座殿堂共有彩塑 2000 余尊，今保存完好的约 1600 尊。按各殿的内容分别制作成圆雕、浮雕、影塑及各种装饰性雕塑。天王殿内的四大金刚各高约 3 米，动态和表情夸张。四天王像每座高约 2 米，保存较为完整，性格刻画含蓄且各有特点。罗汉殿内，中央为观音像，两侧的 18 身罗汉（14 身坐像，4 身立像）与真人等高，是双林寺彩塑的精华。他们的脸型、身段、动态直至发型、帽式、服装各异，其年龄、气质、表情也各不相同，有的高声论道，有的娓娓而谈，有的闭

双林寺彩塑千手观音

目沉思，有的冷眼凝视，形象有动有静，无一雷同。千佛殿中的韦陀像高约1.6米，除左手和所持金刚杵残缺外，其余部分保存完好。释迦殿扇面墙背后为10位高僧护卫渡海观音的影塑。海水为浅浮雕，10位高僧与渡海观音为高浮雕，渡海观音的主要部分突起为圆雕。观音单腿盘坐在粉红色莲花瓣上，右手置于左膝之上，娴静安详，有如在动荡起伏的海水背景上漂动。

双林寺彩塑韦陀像

释迦殿壁面为佛传故事组雕，自"白象投胎"始至"释迦涅槃"，共数十组，其中人物多富有生活情趣。此外，如菩萨殿的壁塑菩萨、须弥座束腰的转角力士等也都制作得精巧生动。

第 2 章

梁

梁是土木工程结构中主要承受弯矩和剪力的构件。应用非常广泛，是基本结构部件之一。

梁通常水平布置，为满足使用要求也可斜向布置，如坡道桥梁、楼梯梁等。梁的截面尺寸远小于跨度，高跨比一般为 1/16 ~ 1/8，预应力混凝土梁的高跨之比甚至小到 1/30。高跨比大于 1/5 的梁统称为深受弯构件，其中高跨比大于 1/2 的简支梁和高跨比大于 1/2.5 的连续梁称为深梁。梁的截面高度通常大于宽度，但因工程需要，也有宽度大于高度的梁，称为扁梁；高度沿轴线变化的梁，称为变截面梁。

◆ **分类**

按所用材料可分为钢梁、钢筋混凝土梁、预应力混凝土梁、木梁以及钢－混凝土组合梁等。按截面形式可分为矩形梁、T 形梁、I 形梁，L 形梁、槽形梁、箱形梁及空腹梁等。按梁的支撑方式又可分为：①简支梁。梁一端为固定铰支座（图 a 中的左支座），另一端为可动铰支座（图 a 中的右支座），防止整根梁发生水平移动，同时又满足温度变化导致的自由伸缩。在竖向荷载作用下，最大弯矩通常出现在跨中，最大剪力通常出现在支座处。②悬臂梁。梁一端为固定端，固定在支座处，既不能移动也不能转动；另一端为自由端，可以自由移动和转动（图 b）。在竖向荷载作用下，自由端既无弯矩也无剪力，最大弯矩和剪力都出现在固定端。将简支梁的支座向跨中移动，使梁的一端或两端挑出一部分，形成悬臂，也称伸臂梁（图 f）。③一端固定一端简支梁。在悬臂梁的自由端加设铰支座形成（图 c）。和同样跨度的悬臂梁相比，由于自由端设置了铰支座，梁上的弯矩和剪力都有所减小。④两端固定梁。梁的两端都固定在支座处（图 d），和同样跨度的简支梁、悬臂梁相比，由于两端增加了约束，梁上的弯矩和剪力分布更加均匀，最大弯矩和最大剪力都有所减小。⑤连续梁。具有两个以上支座的梁，由于梁在中间支座处受到一定程度的约束，和同样跨度的简支梁相比，内力分布更加均匀，能承受更大的荷载（图 e）。⑥伸臂梁。简支梁的一端或者两端延伸至支座之外，形成伸臂（图 f）。作用在伸臂部分的竖向荷载会在支座处引起梁的负弯矩，从而有效减小梁在两个支座间的弯矩。

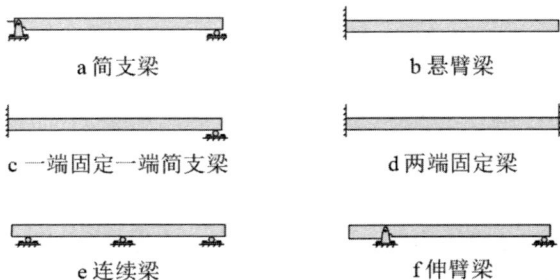

a 简支梁　　b 悬臂梁
c 一端固定一端简支梁　　d 两端固定梁
e 连续梁　　f 伸臂梁

梁按支撑方式的分类图

◆ **受力特点**

梁也称为弯剪构件，主要承受弯矩和剪力。在工程中最常用的梁都是具有纵向对称面的等截面梁，竖向荷载所在平面与梁的纵向对称面相一致，梁内只产生弯矩和剪力，否则还会产生扭矩，如雨篷梁、楼盖边梁等。两个端点不在同一高度的梁称为斜梁，在竖向荷载作用下，斜梁中会产生轴力。若梁同时承受竖向荷载和水平荷载的共同作用，则梁处于双向受弯状态。

◆ **计算要点**

根据荷载性质和最不利荷载效应组合对梁进行截面内力的计算。对一般吊车荷载和其他震动或冲击作用，可化为乘以动力系数的等效静荷载进行计算，但对于直接承受较大动力作用的梁，则需进行动力计算。

图 a、图 b、图 f 各梁中未知支座反力共有 3 个，可以由平面力系的 3 个静力平衡方程计算求得，这几根梁统称为静定梁。求得反力后，各截面弯矩和剪力可通过隔离体受力平衡条件计算。图 c、图 d、图 e 各梁中未知支座反力多于 3 个，仅由 3 个静力平衡方程不能求出反力和截面内力，必须考虑梁的变形协调条件，故统称为超静定梁。

内力计算一般采用弹性理论，当考虑材料的塑性变形引起的内力重分布时，可在内力求出后予以适当调整。

梁的设计应进行抗弯、抗剪、抗扭等承载力计算和挠度验算，对侧向刚度较差且在支座间没有侧向支撑的梁，必须进行整体稳定性验算。对钢筋混凝土梁和预应力混凝土梁应进行裂缝控制计算。对承受中、重级吊车荷载的吊车梁以及桥梁，应进行疲劳强度验算。

各种类型的梁

顺　梁

顺梁是沿建筑纵向布置的梁。宋式建筑中称为丁栿。形态和作用均与梁相同，但安置的方向是平行于建筑面阔的方向，故得名顺梁。作用是承载山面荷载并将其传递到柱子上。常用于明清庑殿或歇山建筑的山面。

庑殿建筑中使用顺梁是为了解决山面桁檩的搭置问题。由于山面的桁檩是沿进深方向排列，与梁架平行，不具备搭置的条件，故在桁檩下设置顺梁。顺梁常用于殿身的梢间。

在歇山建筑中，顺梁是为了解决踩步金的落脚问题。顺梁与正身梁架中最下一层大梁同高，外端梁头落在山面檐柱的柱头上，梁头上承接山面的檐檩，里端做榫插入大梁或金柱中。其上放置交金瓜柱或交金墩，以承托踩步金梁或山面的金桁（金檩）。其外端梁头的做法同挑尖梁或抱头梁。

实例如北京大高玄殿的山面顺梁与假挑尖梁组合，既保证了挑尖梁头的安装构造，及其柱头科斗拱的形制和外观要求，也满足了顺梁的功能要求。

趴　梁

明清庑殿、歇山或攒尖建筑中搭置在檐（桁）檩上承载其上构件的梁称为趴梁，当它沿建筑纵向方向布置时，称为顺趴梁。

庑殿或歇山大木构架中的趴梁，因其平行于建筑物的面阔方向，故称顺趴梁。顺趴梁位于建筑稍间前后坡金檩（金桁）或之下，兼做金枋；梁头与檩木结合处作碗子和阶梯形榫，其外端置于山面的檐（桁）檩上，里端放在梁栿上，或做燕尾榫插入金柱中；其上放交金墩以承托相交的檐（桁）檩或踩步金梁。此时趴梁正好处于金枋位置，故变成起双重作用的构件。它既是承接踩步金的梁架，又是稍间的金枋（又称老檐枋），故又称金枋带趴梁。

用于四角亭、六角亭、八角亭、圆亭等攒尖建筑中的趴梁通常呈井字形，正交放置，用以承托檐（桁）檩以上的木构架。其主梁称为长趴梁，搭置在檐檩（或正心桁）上；次梁称为短趴梁，搭置在长趴梁上，故又称井字趴梁。

趴梁是扣置于檐檩之上，底面与檐檩的立面中线相平；顺梁是置于山面檐檩之下，底面直接落在柱头上。

实例如故宫保和殿中的顺趴梁，通过"交金墩"承托"踩步金"，其中踩步金相当于五架梁，承托上部的三架梁和檩枋等构件，共同构成歇山式的屋顶形式。又如河南登封初祖庵，由于转角处的随角梁仅转一椽，槫从当心间两缝梁架中伸出，没有支承，所以设丁栿立夹际柱子，其上承下平槫出际，并设系头栿，构成宋式建筑中的歇山顶形式。

月　梁

木结构建筑中一种梁面呈弧形，梁底略上弯的梁。又称虹梁。汉代称这种梁为"虹梁"，宋代称"月梁"。明清官式古建筑中少有使用，但在江南木构建筑中仍沿用。

梁为木构建筑中的主要构件，北方建筑中的梁架大多被天花遮挡，常设平直的梁，或者仅在天花以下设月梁。江南建筑中，梁身常常露明于外，逐渐发展为造型优美精巧的月梁形式。

月梁因位置不同而分为两类，一类指清式卷棚顶建筑中的二架梁，也叫顶梁，另一类用于平棊（平闇）之下或彻上露明建筑内，梁身露明在外，做成新月形式，其梁的两端呈弧形，梁的中段微微上拱，整体形象弯曲近似新月。一般月梁的功能与直梁相同，都是承受屋顶荷载或天花荷载的梁。

月梁具有良好的装饰及艺术效果，在江南建筑中流传较广，其侧面往往饰以雕刻或绘以彩画，细腻精美。月梁的式样与做法在徽县、金华市、江西省等地区的一些大的祠堂较为常见，造型丰富多样。

江苏常熟翁氏故居是一所保存比较完善、具有典型江南建筑风格的官僚住宅，其位于脊槫下的月梁端头均做卷杀，梁身呈向上的轻微曲线，侧面绘以精细的彩画，与其他构件衔接处还有木雕花式，工艺精美。

木　梁

一般在工程结构中水平设置，通常承受竖向荷载作用，荷载作用下的内力以弯矩和剪力为主的构件。是木结构中的基本单元。

◆ 分类

木梁有不同的分类：①按照木材的加工程度不同，可分为原木梁、锯材梁或规格材梁、组合木梁、胶合木梁、结构复合木梁等。②按照截面形状的不同，可分为圆截面梁、方形截面梁、矩形截面梁、工字形截面梁、T形截面梁和箱形截面梁等。③按照构件形状的不同，可分为直线形木梁、楔形木梁、双坡形木梁、折线形木梁和曲线形木梁等。

左上为原木梁；右上为锯材梁或规格材梁

左下为胶合木梁；右下为结构复合木梁

木梁按加工程度分类

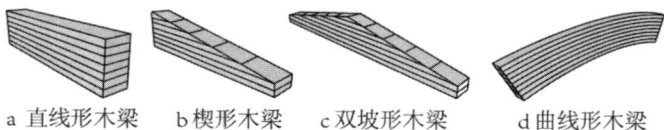

a 直线形木梁　　b 楔形木梁　　c 双坡形木梁　　d 曲线形木梁

木梁按构件形状分类

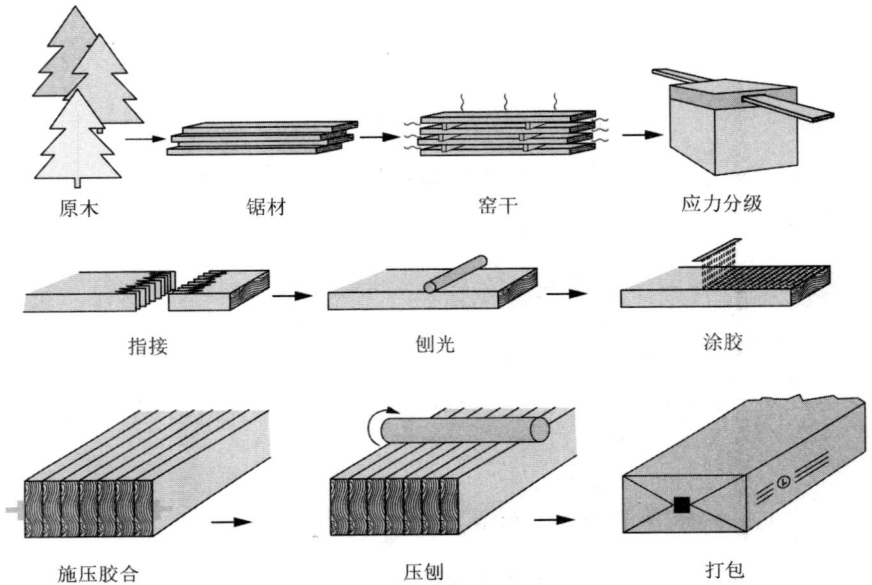

胶合木加工流程示意图

　　组合木梁是由规格材或工程木产品通过钉或螺栓等紧固件相互连接而组成的木梁，具有加工方便、经济性好等优点。一般在轻型木结构中，针对部分受力较大的木梁或檩条等受弯构件，可采用组合木梁。

　　胶合木梁是以厚度为 20 ～ 45 毫米的板材，沿顺纹方向叠层胶合而成的木梁，又称层板胶合木梁或集成材梁。胶合木梁具有材质均匀、容许应力高、尺寸稳定性好、材料利用率高、适于工业化生产等特点。由于其良好的可加工性，截面形状灵活多样、构件体形可根据设计需要而富有变化，广泛应用于房屋建筑和大跨度结构等方面。

　　结构复合木材梁是将原木旋切成单板或切削成木片，施胶加压而成的一类木质复合材料梁，用材主要包括旋切板胶合木 / 单板层积材、平行木片胶合木、层叠木片胶合木和定向木片胶合木等。此类木梁能够充分利用小径低质木材，加工而成的构件也具有较高强度、可靠度和较小的变异性。

◆ **发展趋势**

木梁的发展趋势有：①原材料方面，利用速生树种或人工林树种研发结构用木梁等木构件，解决全球性天然林资源的短缺问题。②随着现代木材深加工技术的成熟及其在现代木结构中的推广，以胶合木梁为典型代表的木构件在工程中的应用日益广泛。③利用金属材料或纤维增强复合材料对木梁进行增强，进一步提升其结构性能，做到材料的优化利用，扩展其应用领域。④将木梁与混凝土等进行组合，形成轻质、高强度、绿色环保的组合构件或体系，将是研究与应用的重要趋势之一。

木组合梁

木组合梁是由多片规格材采用钢钉现场钉合而成的木制楼面梁，是轻型木结构建筑中楼盖体系的受力构件，主要承受楼面搁栅传递过来的剪力和弯矩。因其选材方便，制作简单，成本低廉，在轻型木结构房屋中被广泛采用。

木组合梁的截面尺寸为规格材厚度的倍数，高度一般为235毫米、286毫米或更高，由设计计算后确定。一般情况下，木组

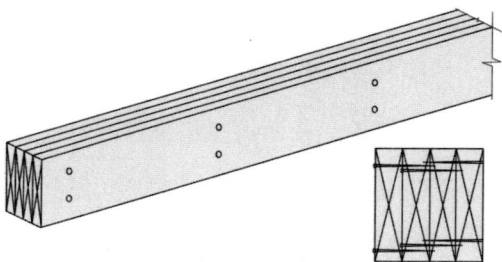

木组合梁

合梁为单跨简支梁；若作为连续梁，在支座处应连续。图示为 4 片规格材在现场采用钢钉钉合后的木组合梁。

采用现场钉合方式，对钉间距和钉合方式有明确的要求。规格材两两之间沿梁高采用等分布置的双排钉连接。一般情况下，钉长不小于 90 毫米，钉间距不大于 450 毫米，且距端部不小于 100 毫米；也可以采用直径不小于 12 毫米、中心间距不大于 1.2 米的螺栓连接，螺栓到端部的尺寸不小于 600 毫米。

采取上述方式设计和制作的木组合梁具有良好的受力性能，试验证明木组合梁受弯破坏模式为外层木纤维首先破坏，或者在缺陷处劈裂破坏，与普通木梁的破坏方式类似。

钢　梁

钢梁指一般工程结构中横向设置、通常承受竖向荷载作用、荷载作用下的内力以弯矩和剪力为主的构件，是钢结构的基本单元。

厂房中的吊车梁和工作平台梁、多层建筑中的楼面梁、屋顶结构中的檩条等，都可以采用钢梁。

◆ 分类

按照制作方法不同，可将钢梁分为型钢梁和组合梁。①型钢梁中包括热轧型钢梁和冷弯薄壁型钢梁两种。热轧型钢梁常选用的型钢有工字钢、槽钢、H 型钢等。冷弯薄壁型钢梁截面种类较多，常用的有 C 型钢和 Z 型钢，多用于屋面檩条和墙梁等梁跨度和荷载较小的情况。型钢梁加工简单、造价低廉，但截面尺寸受到型钢规格的限制。当荷载和跨度较大，采用型钢截面不能满足强度、刚度或稳定要求时，应采用组合梁。②组合梁由钢板或型钢通过焊接或铆接而成。由于铆接费工费料，常以焊接为主。常用的焊接组合梁为由上、下翼缘板和腹板组成的工形截面和箱形截面，后者较费料，且制作工序烦琐，但具有较大的抗弯刚度和抗扭刚度，适用于有侧向荷载或对抗扭要求较高以及梁高受到限制等情况。

◆ 设计

钢梁的设计主要从强度、刚度、整体稳定三方面考虑。对于组合梁，除上述三条外还需验算局部稳定。型钢梁局部稳定一般得到满足，可不必验算，但是当采用高强度钢材时，有时需要验算局部稳定。

强度

钢梁的强度验算主要包括正应力、剪应力、局部压应力。对于组合梁，应同时验算局部复杂受力情况下的折算应力。

正应力的验算可通过材料力学公式计算最大正应力，同时注意应采用验算截面处的净截面模量。当按弹性阶段设计时，取计算截面边缘纤维应力达到钢材的屈服点作为极限状态。边缘纤维应力达到屈服点后，梁实际上还可继续承受荷载。随着荷载的继续加大，最大弯矩所在截面上的塑性变形沿截面从边缘向中央不断发展和扩大，最后在该截面处形成塑性铰。当梁上出现一定数量的塑性铰而使其成为机构时，梁即达到抗弯极限状态而被破坏。当按塑性设计时，要考虑梁上形成塑性铰及由此引起的内力重分布。采用塑性设计的钢梁与按弹性阶段设计的钢梁相比较，可减小截面尺寸，节省钢材，但一般只适用于受静力荷载的热轧型钢梁和等截面焊接组合梁，同时组合梁板件的宽厚比应有较严格的限制，以免板件局部失稳而降低梁的承载能力。

梁的剪应力验算同样可按材料力学公式计算。为简化计算，通常假定截面上剪力完全由腹板承担。型钢的腹板较厚，抗剪强度一般都能满足设计要求，但当剪力较大以及存在截面削弱时应按要求进行剪应力验算。当梁的抗弯强度按塑性阶段设计时，剪力的存在会加速塑性铰的形成。因此，对最大弯矩截面上的剪应力应有比较严格的限制。

钢梁上翼缘或支座处受有沿腹板平面作用的集中荷载时，该处翼缘与腹板交界部位的腹板水平截面,应具有足够的抗竖向局部压力的能力。承受竖向局部压力的腹板水平截面面积为该竖向压力在所验算水平截面上的假定分布长度与腹板厚度的乘积，并假定竖向压应力在该水平截面上为均匀分布。若计算截面的抗竖向局部压力的能力不足，可放大支承竖向荷载垫板的长度或在该处设置支承加劲肋。

对于组合梁，截面上可能同时受较大的正应力、剪应力和局部压应力共同作用，因此对连续梁中部支座处、梁截面改变处或承受较大集中荷载处等关键部位，应验算截面上危险点的折算应力，一般选取截面上翼缘与腹板交界处进行验算。

刚度

梁的挠度过大会让人感到不适与不安全，影响正常的生产和生活。梁在正常使用条件下的最大竖向挠度，不应超过设计规范中对各种不同用途的梁所规定的最大容许变形值。梁的挠度计算可采用材料力学和结构力学中所叙述的方法，也可参考相关手册或是运用计算机软件以及编程的方式求解。

整体稳定

在竖向荷载作用下，钢梁一般只产生竖向位移（即挠度），但对侧向刚度较差的工字形截面或槽形截面钢梁，当梁的自由长度（侧向无支承长度）较大时，荷载加大到一定程度常会迅速产生较大的侧向位移和扭转变形，并使梁随即丧失承载能力，这种现象被称为梁丧失整体稳定或侧扭屈曲。当梁的自由长度较大和受压翼缘宽度较小时，使梁丧失整体稳定的临界荷载常小于其达到强度破坏时所对应的荷载。因此，对梁的截面除应计算抗弯强度外，还必须验算整体稳定性。影响整体稳定临界荷载大小的因素很多，如截面的形状和尺寸、截面刚度（抗弯刚度、抗扭刚度、翘曲刚度）、荷载的类型和其在截面上作用点位置、自由长度的大小和梁端部的支承方式等。增加整体稳定性最有效的的办法是在跨中设置侧向支承和加大受压翼缘板的宽度。此外，在任何钢梁的支座处都应采取构造措施，使该处截面不能产生侧向位移和绕梁轴的转动。

局部稳定

当梁的腹板和翼缘厚度不足时，可能在梁因强度破坏或丧失整体稳定之前，受压翼缘或腹板就已形成波状凹凸而失去其原来的平面形态，该现象称为梁的局部屈曲或丧失局部稳定。局部屈曲因将改变截面形状而恶

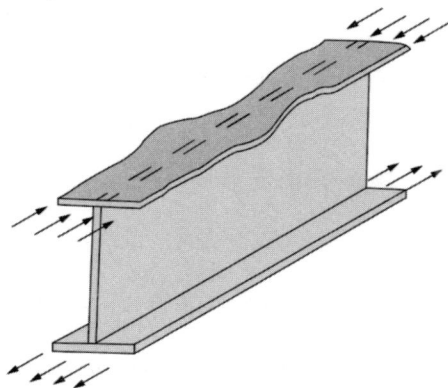

钢梁翼缘板局部屈曲

化梁的工作状态，有可能促使梁提前丧失承载能力。为此，对受压翼缘板的宽厚比应有限制。对于腹板，当高厚比较大时，须用横向加劲肋或纵、横向加劲肋予以加强，把整块腹板分成若干小区格。

加劲肋

焊在腹板两侧用以防止腹板丧失局部稳定的条形钢板。①中间加劲肋。有横向和纵向两种。横向加劲肋主要用于增强腹板抵抗因受剪而发生局部屈曲的能力，间距由腹板高厚比和板中应力的大小经计算确定。纵向加劲肋主要用以增强腹板抵抗因弯曲压应力而屈曲的能力，设在腹板的受压区，设置位置离腹板受压边缘的距离为腹板高度的 1/4 ~ 1/5 处，可沿梁的全长设置，也可只在弯曲压应力较大的区间内局部设置。加劲肋的截面应有足够的刚度。②支承加劲肋。设置于梁的支座处和固定集中荷载作用处，除有中间横向加劲肋的作用外，主要用以传递梁所受的集中力，改善腹板在竖向压力下的工作性能。设计时将支承加劲肋及其两侧的部分腹板看作一个轴心压杆，验算此压杆在支座集中反力或集中荷载作用下在腹板平面外的稳定性。此外，为了传递所受集中力，加劲肋的端部还应有足够的承压面积刨平顶紧于翼缘板上。

腹板屈曲后强度

腹板区格局部屈曲后将会产生平面外位移，但与此同时，由于该区格四周与翼缘板和加劲肋分别牢固相连，腹板内随即产生薄膜张力来阻止平面外位移的增大，使腹板屈曲后还可继续承受荷载，考虑以上影响所获得的强度称为腹板屈曲后强度。研究与利用梁腹板屈曲后强度可节省钢材，具有一定经济意义，但一般只适用于受静力荷载的钢梁。

◆ 拼接

限于运输条件，在工厂将梁分段制成，运至工地再拼接成整体，称工地拼接。因钢材尺寸不足，在制造厂中把梁的各个组成部分接长或加宽而完成的拼接，称工厂拼接。在拼接处，应保证梁的强度不被削弱和变形的连续性。组合梁的工厂拼接应使翼缘板和腹板的接缝分散在不同截面处。为了便于运输，工地拼接中翼缘板和腹板的接缝可设在同一截面上，但宜设在受力较小的部位。拼接方法一般采用坡口对接焊缝连接，可省工省料；但对重型梁的工地拼接，也可用拼接板高强度螺栓连接，以提高拼接质量和改善梁的动力性能。

圈 梁

在砌体房屋的檐口、窗顶、楼层、吊车梁顶或基础顶面标高处，沿砌体墙水平方向设置封闭状的按构造配筋的混凝土梁式构件称为圈梁。

◆ 作用

在无筋砌体墙中设置钢筋混凝土圈梁，其作用有：①增强房屋的整体性，防止由于地基的不均匀沉降、温度作用、干燥收缩、较大振动荷载等对房屋引起的不利影响。②与钢筋混凝土构造柱一起形成空间骨架，有效提高无筋砌体墙的变形性能，改善砌体房屋的抗震性能。③门窗洞口处的圈梁可兼做过梁，以承受其上墙体的重量和楼（屋）盖传来的荷载。④钢筋混凝土梁或墙梁的拖梁下设置圈梁，有利于提高无筋砌体的局部抗压承载力。⑤在较高墙体中部设置圈梁，降低墙体的计算高度，提高墙体的稳定性。

◆ **设置部位**

在砌体房屋下列部位设置圈梁：①软弱地基或不均匀地基上砌体房屋的基础顶面。②厂房、仓库、食堂等空旷单层房屋，砖砌体房屋的檐口标高为 5 ～ 8 米或砌块砌体房屋的檐口标高为 4 ～ 5 米时，檐口标高处设置圈梁；砖砌体房屋的檐口标高大于 8 米或砌块砌体房屋的檐口标高大于 5 米时，除檐口标高处外，应增设圈梁；有吊车或有较大振动设备的单层工业房屋，除檐口和窗顶处以外，应增设圈梁。③多层砌体房屋外墙以及横墙的楼盖和屋盖处设置圈梁，圈梁在平面方向和立面方向的间距根据抗震设防烈度和房屋层数按国家标准 GB 50003—2011《砌体结构设计规范》和 GB 50011—2016《建筑抗震设计规范》确定。④墙梁的拖梁底部和墙梁的顶部。

◆ **构造要求**

圈梁宜连续地设在同一水平面上，形成封闭状。当圈梁被门窗洞口截断时，应在洞口顶部设置附加圈梁。

圈梁按构造要求进行设计。圈梁高度不宜小于 120 毫米，宽度宜与墙体同厚，当墙厚大于 240 毫米时，其宽度不宜小于墙厚的 2/3。混凝土强度等级不应小于 C20。纵向钢筋不应少于 4 根，直径不应小于 10 毫米，箍筋间距不应小于 300 毫米。圈梁兼过梁时，过梁部分的配筋按计算确定。

纵、横墙交接处的圈梁应可靠连接。圈梁的施工方法与普通钢筋混凝土梁不同，待砌体墙砌筑完成后，直接用砌体墙做底模浇筑混凝土。

钢筋混凝土梁

钢筋混凝土梁是用水泥、砂、石等建筑材料和水拌和，配以线型钢材浇筑而成的承重结构件。

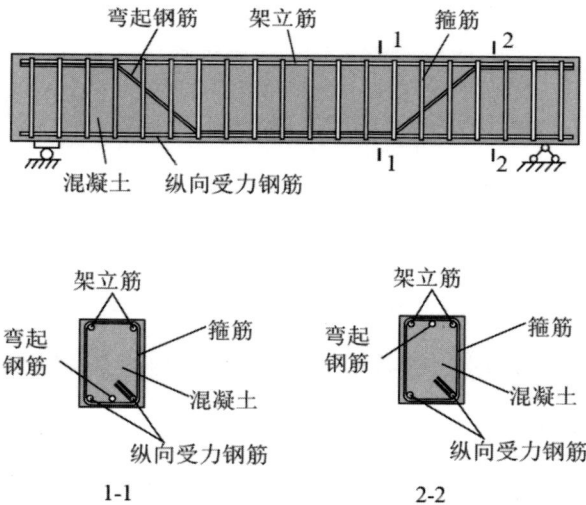

钢筋混凝土简支梁的典型配筋构造图

可为独立梁，也可与钢筋混凝土板组成整体的梁－板式楼盖，或与钢筋混凝土柱组成框架。钢筋混凝土梁形式多样，是各类工程结构中最基本的承重构件。钢筋混凝土梁按截面形状，可分为矩形梁、T 形梁、工字梁、槽形梁和箱形梁。按施工方法，可分为现浇梁、预制梁和预制现浇叠合梁。按配筋类型，可分为钢筋混凝土梁和预应力混凝土梁。按受力状态，可分为简支梁、连续梁、悬臂梁、主梁和次梁等。

　　钢筋混凝土简支梁的典型配筋构造如图,在主要承受弯矩的区段内,沿梁的下部配置纵向受力钢筋,以承担弯矩所引起的拉力。在弯矩和剪力共同作用的区段内,配置横向箍筋和弯起钢筋,以承担剪力并和纵向钢筋共同承担弯矩。为了固定箍筋位置并使其与纵向受力筋共同构成刚劲的骨架,在梁内须设置架立钢筋。当梁较高时,为保证钢筋骨架的稳定及承受由于混凝土干缩和温度变化所引起的应力,在梁的侧面沿梁高每隔约 300 毫米需设置纵向构造钢筋,并用拉筋连接。为了保证钢筋不被锈蚀,同时保证钢筋与混凝土紧密黏结,应有一定厚度的混凝土保护层。

　　钢筋混凝土梁的典型破坏包括正截面破坏和斜截面破坏。正截面破坏是由于弯矩作用产生与梁轴线垂直的裂缝,进而开裂部分的钢筋受拉,未开裂部分的混凝土和钢筋受压。配筋合适的钢筋混凝土梁达到正截面破坏的极限承载力时,受拉钢筋最终屈服,受压混凝土被压坏,破坏具有延性;而配筋太少会出现类似素混凝土梁的脆性破坏,为少筋破坏;配筋过多则会在钢筋没有屈服时混凝土就被压坏,也是脆性破坏且钢筋没有得到充分利用,为超筋破坏。斜截面破坏主要是由于剪力作用,产生与梁轴线斜交的裂缝,进而穿过斜裂缝的箍筋或弯起钢筋受拉。钢筋混凝土梁达到斜截面极限承载力时,穿过裂缝的箍筋达到屈服,斜裂缝端部未开裂的混凝土被压坏或斜裂缝两侧的混凝土被压坏,破坏也具有一定的脆性。在钢筋混凝土梁的设计中,须设计为具有延性的正截面适筋破坏,避免少筋、超筋和斜截面的破坏。

型钢混凝土梁

型钢混凝土梁是用混凝土外包型钢并在型钢周围布置钢筋而形成的，以承受弯矩和剪力为主的组合构件。

混凝土中配置的型钢形式可分为实腹式和空腹式两大类。作为受弯构件，型钢混凝土梁中的型钢宜采用充满型实腹型钢。充满型实腹型钢的一侧翼缘宜位于受压区，另一侧翼缘位于受拉区。当梁截面高度较高时，可采用空腹式型钢混凝土梁。箍筋是保证内部型钢和外包混凝土整体工作的重要因素，因此应对型钢混凝土组合构件合理配置箍筋，箍筋须与纵筋牢固连接。

型钢混凝土梁在验算正截面承载力时通常假定：①截面的混凝土、钢筋、型钢的应变基本保持平面。②不考虑混凝土的抗拉强度。③混凝土受压极限应变取 0.003，破坏形态以受压混凝土压碎、型钢翼缘达到屈服为标志，其基本性能与钢筋混凝土梁相似。

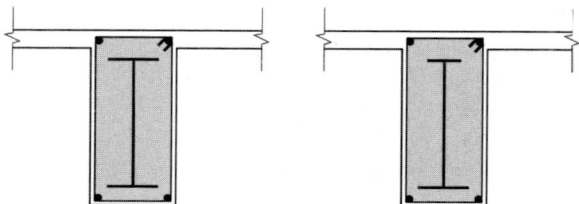

实腹式型钢混凝土梁截面

型钢混凝土梁斜截面的剪切破坏，根据剪跨比的不同主要有剪压破坏和斜压破

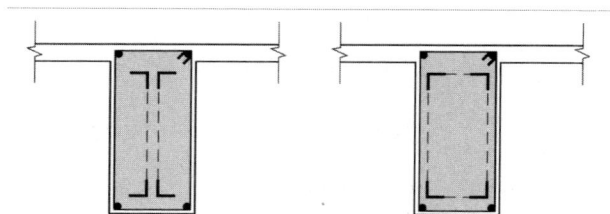

空腹式型钢混凝土梁截面

坏两种形式。由于型钢的存在，斜裂缝的开展得到有效抑制，型钢混凝土梁在剪力作用下表现出较好的延性，其斜截面受剪承载力也明显高于钢筋混凝土梁。

内部型钢和外包混凝土形成整体，共同受力，具备了比传统的钢筋混凝土结构承载力大、刚度大、抗震性能好的优点。与钢结构相比，具有结构局部和整体稳定性好、防火性能好、节省钢材的优点。型钢混凝土最早在欧美开始使用，中国自 20 世纪 50 年代开始研究和应用，最初主要用于工业厂房，此后在高层建筑、大跨度建筑、重工业建筑、桥梁工程、地铁站台等结构中得到迅速推广。

混凝土梁

混凝土梁是由钢筋混凝土制成的梁构件。用于承受垂直于轴线的横向荷载。混凝土梁形式多种多样，是房屋建筑、桥梁等工程结构中最基

混凝土梁

本的承重构件，应用范围极广。包括基础连梁、基础梁、基础拉梁、框架梁、非框架梁、暗梁、圈梁、框支梁等。按其支承情况，又分为静定梁和超静定梁。按跨数不同，还分为单跨梁和多跨梁。单跨梁分为悬壁梁、简支梁、外伸梁；悬壁梁一端固定，一端自由；简支梁两端都是铰接；外伸梁一端铰接，在梁段上还有个铰接，另一端是自由的。在横向荷载作用下，梁轴线的曲率会发生变化，直梁的轴线由直变曲，曲梁轴线的曲率增大或减小。这类变形称为弯曲变形，变形后的轴线称为挠曲线。

轨道梁

跨座式单轨轨道梁

跨座式单轨轨道梁是引导跨座式单轨列车运行，并承受单轨列车、梁体自重、随梁敷设的二次活载的带状梁体。

跨座式单轨轨道梁

轨道梁按材料分为钢轨道梁、混凝土轨道梁和型钢组合轨道梁。轨道梁长度一般采用 20 ～ 30 米，轨道梁各部位尺寸需满足车辆走行轮、导向轮和稳定轮的走行要求，以及通信、信号、供电系统环网电缆、接触轨在梁体上的安装要求。轨道梁结构应具有足够的竖向、横向和抗扭刚度，并应保证结构的整体性和稳定性。轨道梁长度不大于 30 米跨径时，通常采用预应力混凝土轨道梁，称为 PC 轨道梁。PC 轨道梁具有造价低、可塑性好、制作简便、后期维护成本低等优点，应用最为广泛。轨道梁长度大于 30 米跨径时，一般采用钢轨道梁、型钢组合轨道梁或组合桥式结构。

为了确保轨道梁安装精度及成桥线形，轨道梁一般采用工厂制作、现场拼装的施工方式。轨道梁通常是按专业工法指导书，通过梁体形态控制参数调节千斤顶体系的进程，将模板体系塑造成尺度精确的模具，再加工制造或浇筑混凝土形成引导单轨列车运行的、并承受上部荷载的带状梁体。

当轨道梁为简支结构时，轨道梁的支承结构应计入轨道梁支座的负反力，并设置相应的抗力装置。简支轨道梁可采用抗拉支座，直线轨道梁两端选用直线形支座，曲线轨道梁两端选用曲线形支座；同一榀轨道梁上应设置一个活动支座和一个固定支座，当轨道梁处于纵坡上时，固定支座通常设置在低高程端。

轨道梁间的伸缩缝可安装接缝装置，伸缩缝和接缝装置的行程除满足梁体自由伸缩外，还能满足车辆走行轮、导向轮、稳定轮的行走面平顺连接要求，并避免伸缩缝与轨道梁间积水，以及符合整体耐久性要求。

在车站、道岔平台、节点桥等下部结构的结构缝处设置了轨道梁缝，并适应结构缝水平和竖向变形。

轨道梁表面及梁间接头的金属配件表面采取防止车轮打滑和空转的措施。

钢轨道梁

钢轨道梁是承载列车运行荷重和导向的钢制结构件，也是供电、信号、通信等缆线的载体。跨座式单轨线路中，当遇到采用混凝土轨道梁困难的地段、施工难度大的区段、跨越较大的区段或有特殊要求的区段时通常采用钢轨道梁。钢轨道梁由轨道梁、枕梁、支座、接缝板、平联和连接螺栓等构成。根据需要，梁体可做成整体结构，也可做成拼装结

钢轨道梁

构，一般以箱形结构为多见，便于吊装、运输、安装和调试。

在列车静活载作用下，钢轨道梁竖向挠度不应大于其跨度的 1/900。钢轨道梁需在结构上预留信号、供电环网电缆等系统管线通道和接触轨安装接口板。钢轨道梁的主体结构、接缝板、支座选材要符合《铁路桥梁钢结构设计规范》（TB 1002.2）的要求，制造须符合《铁路钢桥制造规范》（TB 10212）的要求，验收须符合《铁路桥涵工程质量检验评定标准》（TB 10415）和《钢结构工程施工质量验收规范》（GB 50205）的相关规定。

预制混凝土轨道梁

在制梁场采用专用模板制作的、用于承受车辆荷载并可引导车辆平稳行驶的跨座式单轨轨道梁，称为预制混凝土轨道梁。

◆ 分类及特点

预制混凝土轨道梁可分为预制成品梁和预制半成品梁。①预制成品梁。用于简支体系轨道梁桥的预制混凝土轨道梁。制梁同时将支座与轨道梁连接，架设时只需进行支座与桥墩的连接施工。②预制半成品梁。用于连续体系轨道梁桥的预制混凝土轨道梁。半成品轨道梁需在安装架设阶段，通过现浇混凝土湿接缝实现轨道梁与桥墩的连接，并现场张拉预应力筋形成完整的轨道梁结构。

预制混凝土轨道梁通常为预应力混凝土梁（简称 PC 梁），亦可为钢筋混凝土梁（简称 RC 梁）。梁体截面形状根据车辆类型不同而有所不同，一般为 I 形或矩形。与普通预制混凝土梁的主要区别在于轨道梁经过制作、存放、运输和架设等施工环节后，其最终线形必须满足单轨列车平稳运行的要求。

线路所要求的平面圆曲线、缓和曲线、竖曲线和曲线超高等均需由轨道梁实现。由于预制成型后轨道梁的基本线形无法二次调整，制梁前必须根据线路对轨道的线形和超高设置要求，以及轨道梁从成型到完成安装架设各个阶段发生的变形，反推混凝土轨道梁成型时的线形和轮廓。

◆ 施工

预应力混凝土轨道梁用混凝土强度等级不应低于 C60，预应力筋通常采用高强钢绞线，亦可采用高强钢丝。钢筋混凝土轨道梁用混凝土强度等级不宜低于 C40。

预制混凝土轨道梁施工时需编制一对一的制作指导书。为了满足线路不同区段轨道梁的线形要求，预制轨道梁的模板须采用可调式模板，模板调整的参数由制作指导书给定。理想的预制轨道梁是在考虑各种变形影响后，列车正常运行状态下梁顶面中心线与设计线形一致，顶面横向坡度与设计超高一致，顶面与侧面呈垂直状态。

轨道梁不仅是承载结构和车辆行驶的轨道，也是供电轨及供电、信号线缆的安装载体，预制轨道梁时需同时预埋安装螺口或预留安装孔道。

现浇混凝土轨道梁

针对线路特定位置，按其所要求的线形，采用特定的可以保证成型质量的模板系统现场浇筑而成的跨座式单轨轨道梁，称为现浇混凝土轨道梁。

在跨座式单轨交通工程中，为节省建设成本，通常在车辆基地范围内、正线不载客区段或道岔区采用轨道梁现浇方法制作小跨度钢筋混凝土轨道梁。当正线轨道梁桥采用连续梁或连续刚构时，需通过现浇方式将预制的半成品轨道梁形成连续结构。

◆ 雨篷梁

雨篷梁是指整体结构中既可以支撑雨棚板，又能连接房屋主体框架的主受力构件。它既是雨篷板的支撑，又兼有过梁的作用，雨篷梁在自重、梁上砌体等重物荷载及雨篷板传来的荷载作用下不仅承受弯、剪力，而且还受扭，因此应按弯剪扭构件计算，进行配筋并满足相应的构造要求。

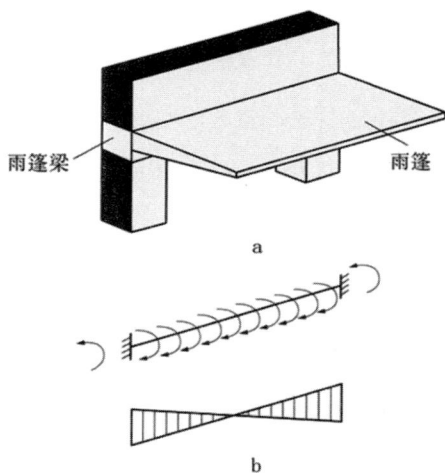

a 雨篷梁结构　b 雨篷梁受力特点

雨篷梁

雨篷梁承受下列荷载，并在梁内产生各种相应的内力：①雨篷梁兼作门过梁，承受着门过梁上砌体的重量，由于砌体的起拱作用，有一部分重量直接传给支座，而只有部分砌体重量作用在过梁上，由此可以计算出弯矩和剪力。②雨篷梁的自重作为均布荷载作用在梁上而引起弯矩和剪力。③雨篷板或雨篷次梁传来的荷载，可根据雨篷板端部作用集中荷载以及雨篷板面作用均布荷载的两种情况，计算得到雨篷梁上承担的较大的均布荷载和扭矩，扭矩的分布在梁两端支座处最大，在跨中最小。

根据雨篷梁的受力特点，可按弯、剪、扭构件进行截面设计，确定所需纵向钢筋和箍筋的截面面积，并满足有关构造要求。

工程及结构

柱梁作构架

只采用柱、梁而不使用斗栱，或仅用单斗支替的结构形式。这种柱上直接承梁的构造是厅堂型构架的最简单形式，相当于清式的"小式"建筑。其结构虽然简单，却是十分通用的构架形式，早在南北朝石窟中已采用。

柱梁作是一种整体构架，一般用于殿阁及厅堂以外的次要屋宇（余屋），如廊庑、中小型住宅、商店、仓库、营房等建筑，造型多采用硬山顶或悬山顶，或加板引檐（俗称雨搭），在宋画《清明上河图》中所见的民居建筑样式多为此种结构。

抬梁式木结构

沿建筑进深方向前后立柱，柱端架梁，梁上立瓜柱（即短柱，因有做成瓜形的，所以称瓜柱），瓜柱上再架梁，由此重复叠垛而成的结构。

　　梁的长度自下而上逐层缩短。在最上面梁的中部，立脊瓜柱。两相邻梁间的高度自下而上逐层递增，使屋顶坡度越往上越陡，从而形成了古建筑屋面具有的优美柔和的曲线。用这种方法组成的房架，每组称为一缝，在平行排列的两缝房架间每层梁的端头及脊瓜柱顶上架设檩木，联成为一个整体，再于檩与檩之间铺钉椽条望板，以承托瓦面。两缝房架即四柱之间所组成的空间就是古建筑的基本单元——间。由平行排列的三缝房架组成两间；四缝组成三间，以此类推。一座古建筑一般由3、5、7、9等单数开间组成。一缝房架叠梁层数取决于建筑的规模和进深的大小。抬梁式房架因受木材长度、采运条件及受力性能的限制，进深不能过大。为了满足更大空间的使用要求，在上述基本房架的基础上，通常用插金梁或勾连搭加大建筑物的进深。插金梁是在基本房架的前后柱以外另立较短的柱子，上置插金梁，梁头放在外排柱头上，梁尾插入基本房架的柱身。插金梁也可层层叠起，以加大进深。勾连搭是把两组、三组以至更多组房架沿进深方向连接成为一缝房架，连接处两组房架共用一根立柱，因而称为勾连搭。

　　抬梁式木结构中的梁承受由上层传递的集中荷载而形成受弯构件，荷载自脊部向下逐层递增，梁的截面也随荷载的增加而逐层加大。在早期工程案例中，梁截面常采用2：1～3：2的高宽比。唐建中三年（782）建造的南禅寺，在上下梁端间加置斜撑杆，称为托脚。托脚将上层梁端传来的部分垂直力化为水平分力，使下层梁产生一定的拉应力，减少了下层梁的弯曲应力，是一种比较科学、合理的结构。但这种结构到明

清两代时已很少使用。柱是承受
垂直荷载的受压杆件，在早期工
程案例中，多将建筑四周柱子的
柱头略向中心倾斜，称为侧脚，
并沿外墙自中心向四角将柱子加

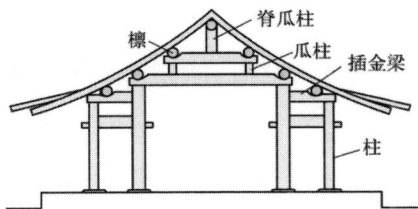

抬梁式木结构

高，称为升起。这两种措施使建筑结构重心向内微倾，使各个榫卯节点
更加紧密牢固，从而提高了结构的整体稳定性。明代以后侧脚渐渐减少，
升起也很少见到。

抬梁式木结构的建筑平面一般为长方形，还可根据用途和建筑艺术
要求，做成正方、六角、八角、圆、十字形等多种平面形式。

抬梁式建筑的屋顶重量是由檩传递给梁，由梁传递于立柱，通过立
柱传递于基础。建筑物的墙体，仅起分隔或围护的作用，而不是承重结
构，即所谓墙倒屋不塌。但墙体对于建筑物的整体刚度还是起着一定的
作用。

梁柱结构

由柱子支撑水平梁或过梁组成的基本建筑结构体系。英文名称来自
拉丁语 trabs、beam 及 trabeatus。又称梁柱体系。

梁柱体系是古老的建筑结构方式之一,英国的巨石阵即为梁柱体系,
埃及神庙遗址的内部、希腊神庙遗址的外部均可见梁柱结构的支撑柱遗
迹。在古希腊神庙和其他公共建筑中，周围矩形柱廊的结构由柱和檐部
（梁）组成。雅典的赫菲斯托斯神庙（Templeof Hephaistos）是所有多

立克神庙中保存最完好的一座，体现了梁柱结构的应用。梁柱结构也是古埃及和阿拉伯南部建筑中常见的结构形式，通常是在柱或墩的顶部放置长方形石梁。波斯建筑、印度建筑，以及北美和中美洲的玛雅建筑，南美的印加建筑中都曾应用梁柱结构。在中国，梁柱结构也是最主要的结构体系，其结构形式对 20 世纪初现代建筑框架结构的出现产生了影响。

从史前到古罗马早期的西方建筑体系中，梁柱结构曾是建筑的基本结构形式，然而梁柱结构的承载能力有限，柱间距小，不适合建造大空间的建筑。随着古罗马拱券技术的发展，公共建筑中梁柱结构的应用逐渐减少。但所有的结构开口仍是由这种体系演变而来，使用梁、过梁、联梁或门楣作为建筑物洞口或开间之间的水平构件，两端由两根垂直柱支撑。

由于梁需要承受其上的荷载以及自身荷载，容易产生变形或断裂，因此在早期梁柱结构建筑中，通常要采用整体（单板）石材、粗大的木材作为梁。这种情况直至铸铁在建筑中得到普及后才有了根本改变，铸铁柱的强度更大、尺寸更小，从而大大减轻了建筑物的重量，并增加了梁的跨度。

第 3 章

画

彩　画

宋式彩画

宋式彩画指中国宋代重要建筑木构件上的彩画。宋式彩画现存实例已不多见，但可通过宋代李诫所著的《营造法式》得到系统的了解。宋代彩画除用于檐下外，在柱子上也广泛使用。《营造法式》在"彩画作制度"中载录了5个内容：①绘制程序——衬地、衬色、细色和贴金。衬地，先以胶水遍刷，然后根据彩画类型和质量要求，再刷白土或铅粉，或用青淀和茶土刷之；衬色，即在衬地上画出图案的大色块，以（各种）草色和粉，分衬所画之物；细色，是在衬色上分色描绘细部，或叠晕，或分间剔填，并以赭笔或墨笔描画；最后，必要时用鳔胶水贴金。②调制颜料，即制作单色和分色的方法，单色的制作先把原料研成细末，再以清水，或热汤浸泡、淘汰和沉淀，使用时根据不同色料，需加汤或胶水"令稀稠得所用之"；分色指的是对同一种颜色不同色度的离析，它的方法是把泡制好的颜料，"研令极细，以汤淘澄，分色轻重，各入别器", 以分出青华（或绿华、朱华）、稍深的二青（或二绿、二朱）、更深的三青（或三绿、三朱）和最深的大青（或大绿、深朱）。③叠晕和间装的原则: 叠晕即同一色相不同色度的顺序变化, 间装为不同色相的搭配。叠晕以青色为例, "自浅色起, 先以青华, 次以二青, 次以三青, 次以大青"。青华之外晕白, 大青之内"用墨或矿汁压深"。使花纹轮廓清晰, 色泽鲜丽, 取得"如织绣华锦"的装饰效果。构件边棱, 叠晕要深色在外, 花纹则浅色在外, 与外棱对晕。间装如"青地上花纹, 以赤黄、红、绿相间, 外棱用红叠晕; 红地上花纹, 以青、绿为主, 心内以红相间, 外棱以青或绿叠晕; 绿地上花纹, 以赤黄、红、青相间, 外棱用青、红、赤黄叠晕"等。总之要冷暖相间, 青、绿、红相间。此外, 于"五色之中, 唯青、绿、红三色为主, 余色隔间品合而已"。④6种主要的彩画形制, 即五彩遍装、碾玉装、青绿叠晕棱间装、解绿装、丹粉刷饰和杂间装。五彩遍装是最华丽的; 碾玉装以青、绿为主色; 青绿叠晕棱间装, 即构件身内通刷土朱, 边棱等处"并用青、绿叠晕相间", 呈暖色调; 丹粉刷饰同解绿装一样, 只是边棱改用白粉勾描, 用色古朴。唐代建筑已普遍采用; 杂间装是以上各种彩画的掺杂混用, 如五彩间碾玉、碾玉间画松纹等。⑤宋式彩画的纹样, 有花纹、琐纹、云纹、飞仙、飞禽、走兽和人物。其中各类纹样又包括若干花品, 如花纹包括有九品: 即海石榴、宝相花、莲荷花、团窠宝照、圈头合子、豹脚合晕、玛瑙地、鱼鳞旗脚、圈头柿蒂等。各品花纹都有适宜运用的构件和部位。

宋式彩画与唐代较为简朴的彩画相比, 色彩华丽, 纹样品类繁多,构图活泼，笔墨酣畅，在中国建筑彩画发展史上有着重要的历史地位和成就。

清式彩画

清式彩画指中国清代重要建筑木构件上的彩画。清式彩画比宋式彩画更为程式化，装饰性更强，主要用在檐下。

◆ 梁枋彩画

清式梁枋彩画的整体构图，都把梁枋全长等分为 3 段：当中一段叫枋心；左右两段，靠近柱头一端叫作箍头，靠近枋心一端叫作藻头。区分各部分的线道总称为锦枋线，因使用位置不同，又有箍头线、皮条线、岔口线和楞线等称谓。梁枋彩画的主要类型有和玺彩画、旋子彩画和苏式彩画 3 种。

和玺彩画

和玺彩画用于皇宫、宗庙、大型寺观等建筑群主要殿堂，是级别最高的一种。和玺彩画最主要的形式特征，是在它的藻头两端有圭头和锯齿图案。和玺彩画的题材绝大多数是各种龙、凤的描绘。如龙就有跑龙、升龙、降龙、团龙和坐龙等。和玺彩画的色彩虽以青、绿、朱为底色，但线条、图案几乎全部贴金，极为华贵辉煌。它的色彩搭配总的规律是蓝、绿相间，如在同一条额枋，藻头用蓝色，枋心必用绿色，反之互换；上下大小额枋，上蓝则下绿，反之亦互换；相邻两间额枋色彩互换。但垫板只用红色，平板枋为蓝色或绿色，蓝色时画跑龙，绿色时画工王云

（形状比较规则的云纹）。

旋子彩画

旋子彩画运用范围较广，由宫廷至公卿宅邸都有使用，级别低于和玺彩画。其主要形式特征是于藻头部分画有旋子。这类彩画因梁枋长度的不同，旋子的处理方式也有不同，如一整二破、一整二破加一路、一整二破加两路、一整二破加勾丝咬和一整二破加喜相逢等。所谓"一整二破"，即近箍头一端用一个整旋子，近枋心一端上下各用半个旋子。

旋子彩画视色彩和贴金多少，又有 2 种色调和 6 个级别。其色调以绿为主的叫作石碾玉，以黄色为主的叫作雄黄玉。其 6 个级别是：①金琢墨石碾玉。花瓣用青绿退晕（宋式彩画称叠晕），花心、菱地点金，线条和花瓣轮廓用金线勾勒，是旋子彩画中等级最高的一种，与之相对应的雄黄玉叫作金线雄黄玉。②烟琢墨石碾玉。与金琢墨石碾玉相比，只是花瓣轮廓改用墨线勾勒，与之相对应的雄黄玉叫作墨线雄黄玉。③金线大点金。不用青绿退晕，其他同烟琢墨石碾玉一样。④墨线大点金。花心、菱地点金，线条、花瓣轮廓用墨线勾勒。⑤墨线小点金。除菱地不点金外，其他同墨线大点金。⑥雅伍墨。不点金，一切线条、轮廓都用墨线，是旋子彩画的简易型。

旋子彩画的色调配置也是青、绿相间。常用的图案有跑龙、夔龙、锦纹、卷草、栀花和瑞兽。其搭配有一定规律，如大额枋枋心画跑龙、箍头盒子画卷草、小额枋枋心则画锦纹、箍头盒子画瑞兽等。

苏式彩画

苏式彩画因源于苏州而得名，风格活泼清丽，一般用在园林建筑上。它的题材故事性、写实性较强，名目繁多，随机而绘。构图有定法而无定式，枋心可以是半圆形的或一字形的；用色虽然也要相间而施，但枋心作画不受这个限制。苏式彩画把檩子、垫板和额枋连在一起绘制半圆形枋心包袱，是它的最大形式特征。包袱的外缘轮廓一般用青、绿、红各色由浅及深层层向外退晕，形成半圆形画框。包袱内依所画题材可称为花鸟包袱、人物包袱，或线法套景包袱等。苏式彩画的藻头，靠包袱的一端通常画集锦、花卉、瑞兽或青、绿单色刷饰；靠箍头的一端画卷草或夔龙卡子。青色地上用直线硬卡子，绿色地上用曲线软卡子，即所谓硬青软绿。箍头花纹多变，如阴阳回纹、寿字、联珠及西番莲、汉瓦、夔龙等，并沥粉贴金。

◆ 其他木件上的彩画

梁枋以外其他木件上的彩画，斗拱用青、绿为底色，边楞用金线的叫作金琢墨，用墨线的叫作烟琢墨。青、绿两色相互搭配，如升、斗刷青色，则拱、昂刷绿色，反之互换，但柱头科的升、斗一律用蓝色。垫拱板用色与斗拱的冷色反衬，一律涂朱，内画龙、凤、西番莲、火焰三宝珠和梵字。其他如椽子、角梁等彩画也都有一定之法。它们的繁简、式样大都同和玺、旋子和苏式彩画等有对应关系，如和玺、金线石碾玉彩画的斗拱，用青、绿退晕；雅伍墨彩画的斗拱全用青或绿，不退晕。

壁　画

岩山寺壁画

　　岩山寺壁画形成于中国金代。岩山寺位于山西省繁峙县天岩村，建于金正隆三年（1158）。寺内建筑现仅存前殿（文殊殿），面宽五间，进深三间六椽。文殊殿壁画是岩山寺精华所在，殿内四壁除门窗外满绘壁画，面积134.42平方米。壁画的主要部分由金代御前承应画匠王逵画成于金大定七年（1167）。西壁画《佛传故事》，有释迦牟尼诞生、沐浴、习武、出游、成佛、说法到涅槃等各种情节。东壁画《经变故事》和《佛本生故事》，有须阇提（养生）太子割肉养父母等故事，中间绘

山西繁峙岩山寺金代壁画《鬼子母变相》

有佛说法，两侧画《鬼子母变相》。北壁画一组寺塔和《五百商人航海遇难故事》（已残）。南壁画殿阁楼台、海市蜃楼及供养人。整个壁画内容丰富，构图严密，人物形象生动传神，笔力劲健，气质非凡，设色以青绿为主，古朴典雅，其风格与宋、金时期卷轴画有些近似。表现人物故事的画面生活气息很浓，生动形象地反映了宋、金社会生活面貌。壁画绘有大量建筑物，其中西壁的楼阁建筑形式反映了金代宫廷建筑的新特点。

崇福寺壁画

崇福寺壁画形成于中国金代。崇福寺位于山西省朔州市朔城区，始建于唐麟德二年（665）。现存弥陀殿与观音殿为金代建筑。其中，建于金皇统三年（1143）的主殿弥陀殿四壁均有绘画。东、西两壁绘佛像6尊（今1尊残），皆身披袈裟，袒胸露腹，结跏趺坐于仰莲座上，施说法印。每尊佛像两侧画胁侍菩萨各一，或捧经卷，或持莲花，形态各异。佛与菩萨身后皆有火焰形背光。当心一佛背光两侧各有流云组成的佛坛，分坐5尊小佛。两侧佛像背光左右各有一飞天。北壁两尽间绘《释迦说法图》，佛身上部为后代补绘，仅两侧胁侍菩萨为金代原作。北壁两梢间板门内侧各存胁侍像半身，板门上方画"八宝观"与"十六宝观"。南壁东尽间的图像分上下两列，每列3尊，上列为明代补绘之毗卢佛、释迦佛、药师佛，下列为金代原作之妙吉祥、除盖障、地藏王三菩萨。南壁西尽间画千手千眼观世音菩萨，下隅左侧为一吉祥天女和一护法神，右侧为一婆薮天和一护法神。

山西朔州崇福寺金代壁画《千手千眼观音》

弥陀殿金代壁画沿袭唐代疏朗、开阔、雄浑的气势，画面宏伟，主次有序，构图规整严谨，人物比例协调，造型庄重俊逸，色彩和谐素雅，反映了金代壁画的面貌。

开化寺壁画

开化寺壁画形成于中国北宋。开化寺位于山西省高平市东北 17.5

千米处的舍利山麓，始建于北齐武平（570～576）年间。唐龙纪、大顺（889～891）年间改称清凉兰若，北宋天圣八年（1030）改称开化禅寺。金、元、明、清均有增建。现存大雄宝殿为北宋神宗熙宁六年至哲宗绍圣三年（1073～1096）间建成，壁画作于绍圣三年，为画师郭发所绘。东西两壁所绘壁画多漫漶。据该寺所存北宋大观四年（1110）《泽州舍利山开化寺修功德记》碑文及残存图像考订，东壁所绘4幅为华严经变，由南至北依次为"兜率天宫会""普光法堂会""重会普光法堂""三重会普光法堂"；西壁所绘3幅为报恩经变，南部为须阇提太子本生经变，中部为忍辱太子、华色比丘尼、转轮王舍身供佛3个本

山西高平开化寺北宋壁画《经变故事》（局部）

开化寺大雄宝殿壁画《纺织图》（局部）

生经变和善事太子本生经变的一部分，北部为善事太子和光明王舍头两个本生经变。北壁保存稍好，西次间绘鹿女本生和均提童子出家得道经变，东次间绘观世音菩萨法会及男女供养人 39 身。

开化寺大雄宝殿壁画，构图繁简得体，笔法工谨精湛，线条遒劲圆润，设色浓丽生动，内容包罗万象，其中不乏表现世俗场景的精彩之作。如西壁本生经变中表现农夫扶犁驱牛辛勤劳作情景的《耕作图》，描绘一位中年妇女在灯下扶机织布场面的《纺织图》，刻画渔夫站立船头撒网捕鱼的《捕鱼图》等。

宋代寺观壁画

宋代寺观壁画主要指中国宋代佛寺、道观的壁画。宋代时期寺观壁画的创作规模，虽不及唐代，但亦有时代特色。

◆ 创作活动

五代时，中原战乱频起，后周世宗又实行灭法，不少前代寺庙遭到破坏。但中原地区仍有不少宗教画家从事壁画绘制，而地处长江流域的南唐、西蜀以及东南沿海的吴越地区内的寺观壁画创作尤为活跃。宋代统治者对佛教、道教均采取保护政策。宋初，南唐、西蜀两地的宗教画家相继来到开封，与中原的画家会合，形成一支庞大的壁画创作队伍。宋代寺观壁画虽无唐代之盛，但仍保持相当规模，如大相国寺、太一宫、上清宫、玉清昭应宫、宝箓宫、五岳观等由皇室主持绘制的壁画，规制尤为宏伟。

开封大相国寺为古代佛教名刹，始建于北齐天保六年（555），唐睿宗时重建，北宋自太宗至真宗时陆续加以扩建，达60余院，壁画皆出自名人手笔。如高益在大殿行廊左壁画《阿育王变相》《炽盛光佛降九曜鬼百戏》（其中树石山水为燕文贵绘）；高文进在大殿画《降魔变相》《擎塔天王》，在后门东西壁画《五台峨眉文殊普贤变相》；王道真在大殿西门之南画《宝志化十二面观音像》，大殿东门之南画《给孤独长者买祇陀太子因缘》；李用及、李象坤在大殿东门之北画《牢度叉斗圣变》；元霭和尚在西经藏院后画大悲菩萨等。另外见于文献记录者尚有王端、石恪、孙梦卿、高怀节、陈坦、王易等人也都曾在相国寺画壁，这些名作当时即受到重视。太宗时，高益所画壁画因年久剥坏，召命高文进、王道真等修补。宋英宗治平二年（1065），因大雨使汴河暴涨而形成水灾，相国寺部分壁画又遭淹毁，召命崔白、李元济等整修重绘。两次大规模壁画修复都是根据内府所藏壁画副本小样进行的。宋时相国寺除作为宗教场所外，还是百姓交易的市民云集之处，壁画内容虽仍为唐代流行之经变及佛像，但从记载中关于战争、乐队、斗法、降魔等情节来看，可知已有追求激烈热闹的情趣，借以取悦世人的成分，并更多地表现生活场景。高益所画阿育王变相中战争场面受到宋太宗的赞许，认为他深谙军事。高益在壁画中画乐队吹奏，其中弹琵琶者以拨掩下弦，与管乐器所奏四字音调不合，因而引起争论，后来有人申明拨掩下弦正好说明从上弦弹过（四字弦在上弦），反映了高益运思周密、技艺精湛，也体现了宗教壁画的世俗化倾向。相国寺壁画名闻域外，熙宁九年（1076）高丽国遣使崔思训带画工来开封，临摹相国寺壁画携回。

宋代皇帝信仰并提倡道教，对道观修建不遗余力，其中真宗时为掩饰对辽战争中的屈辱行径而于大中祥符七年（1014）修成的玉清昭应宫，规模尤为宏丽。该宫修建中日夜不停，历经 7 年竣工。为了绘制壁画，集中了全国 3000 名画工进行考试，最后选拔出百余人，以武宗元、王拙为首。由于该建筑于仁宗天圣七年（1029）即在火灾中焚毁，文献中对壁画记载甚少，仅知张昉画三清殿高达丈余的奏乐天女，不经起稿，奋笔立就；王拙画五百灵官及众天女朝元，是场面浩大、人物众多、形象丰富的巨作；庞崇穆画山水列壁，其林峦草竹、溪谷磴道及风云卷舒的微妙变化也为人所称道。宋代其他道教宫观壁画亦多名作，如武宗元在洛阳上清宫画三十二尺帝像时，将赤明阳和天帝画成太宗赵光义的肖像，而使真宗惊异礼拜；武宗元与王兼济在中岳天封观画出队、入队，表现中岳大帝威风显赫的队伍的巨幅壁画也很有名。

唐代吴道子创立的画风仍为宋代宗教画家所继承和发展。宋初王瓘到洛阳北邙山老君庙临摹吴道子壁画，拂尘寻迹，认真揣摩，虽穷冬积雪亦不辍，他又舍短取长，融会贯通，因而成为乾德（963～968）、开宝（968～976）时最享盛名的画家。孙梦卿，绰号孙吴生，学吴道子得其余趣，与武宗元齐名，尤精于大像。他们的艺术在当时颇享盛誉，但由于其画迹随庙宇坍毁而无存，以及文人对壁画匠师存有偏见，不屑加以评述，以至于在过去美术史著作中未受到应有的重视。

◆ **遗迹**

宋代寺庙名工手笔皆已不存。敦煌莫高窟虽保存有少量宋代壁画遗迹，但其风格已趋衰微，水平远不及中原。现在残存的少量遗迹及粉本小样是考察此一时期壁画的珍贵资料。

1969 年河北省定县发现 2 座宋代古塔塔基，地宫壁上皆有壁画。静志寺舍利塔基地宫（977）四壁皆有壁画。南壁门两侧绘天王，东壁绘梵王，西壁绘帝释，北壁正中绘写有"释迦牟尼真身舍利"字样的莲座牌位，牌位两侧各画 5 个弟子。净众院舍利塔地宫（995）北壁画释迦涅槃像及弟子哭泣呼号画面，东西两壁画奏乐天王部众行列。值得注意的是这处壁画上的人物形象及线描风格与相传吴道子《送子天王图》及武宗元《朝元仙仗图》有若干相似处，虽因绘于地宫不甚精细，但可看出吴道子画风对北宋寺观壁画的影响。

山西高平开化寺大雄宝殿东西北壁均保存北宋壁画。西壁中间为西方净土世界日月灯光如来及莲华色比丘尼、忍辱太子、转轮王舍身佛像，南侧为东方界喜王如来和须阇提太子本生。内容虽宣扬忍让、孝行及因果报应，但画中人物形象及生活景象都一定程度上反映了宋代社会风貌，出现了航海、捕鱼、织布、耕作等场景，而且行笔遒劲流畅，构图严谨，具有吴派风范。

宋代寺观壁画多有副本小样，绘制前可供主持者审阅，以后既可作为修复壁画的依据，又是画工师徒传授画样的底本，现流传的武宗元《朝元仙仗图》及所谓《道子墨宝》均为粉本，也是研究壁画的重要资料。

《道子墨宝》包括道教神祇、地狱变相及搜山部分，众多的神祇形象丰富而生动。搜山图追求热闹炽烈的艺术效果，尤能代表宋元之际道教壁画的风貌。

汉代墓室壁画

汉代墓室壁画是指中国汉代墓室中的装饰壁画兴起于西汉早期，盛行于东汉。墓主多为高官显贵或地方豪强。汉墓壁画对于了解汉代社会的经济和文化及审美思想和绘画的发展，具有重要意义。

汉墓壁画的发现始于东北地区。从甲午战争后的 1895 年到抗日战争结束的 1945 年，日本人在中国东北进行田野考古，先后盗掘了辽宁省辽阳北园、迎水寺、玉皇庙、南林子及大连营城子等地的汉魏时代的壁画墓。中原汉代壁画墓发现于 20 世纪初，1916 年前后传出河南省洛阳市旧城西八里台的一座西汉晚期空心砖壁画墓因被盗掘而发现，部分空心砖现藏美国波士顿美术博物馆。汉代壁画墓大规模被发现是在中华人民共和国成立之后。50 年代发现 12 座。重要的有河北望都东汉晚期

河南洛阳烧沟西汉墓壁画

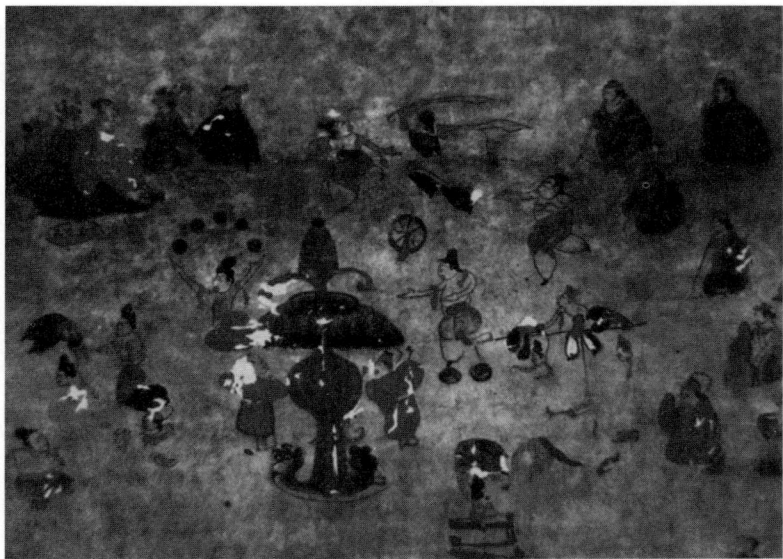

河北安平东汉墓壁画《君车出行图》

墓和河南洛阳烧沟 61 号西汉墓。60 年代发现 3 座，分别是河南密县（今新密市）打虎亭 2 号东汉墓和密县后土郭 1、2 号东汉墓。70 年代发现 9 座，重要的有洛阳卜千秋西汉墓、洛阳金谷园新莽墓、河北安平逯家庄东汉墓，以及内蒙古和林格尔东汉墓。80 年代发现 15 座，主要的有河南永城西汉梁王墓、西安交通大学附小西汉墓、河南偃师杏园村东汉墓。90 年代发现 11 座，壁画以洛阳浅井头西汉墓、洛阳机车工厂东汉墓和河南荥阳苌村东汉墓为代表。总计数量已达 50 余座，发现壁画最集中的是以洛阳为中心的河南、河北汉代壁画墓群和以辽阳为中心的汉魏壁画墓群。

依据墓室壁画的题材内容、空间形式及其风格变化，参以墓室形制分布区域等考古学资料，汉代墓室壁画可分为 4 个阶段。第一阶段为西汉前期，以河南永城芒砀山梁王墓壁画为标志。主室顶部描绘四灵，表现汉代以四神标示空间方位观念的初级形态。壁面残存的仙山、神树、灵芝、鸟、兽等图像内容，表现神仙天堂的景象，初步具备汉墓壁画传达升仙主题的丧葬观念。第二阶段为西汉晚期，洛阳卜千秋墓壁画、烧沟汉墓壁画是这个时期壁画中的代表。壁画受阴阳五行学说的影响，墓顶绘墓主升仙与祥瑞逐疫两大主题。洛阳八里台、西安交通大学校园内大墓顶画日月星象图，是升仙主题的另一种形式。壁面新增历史人物画，拓宽了墓室壁画的题材内容。第三阶段为王莽至东汉前期，典型的壁画

内蒙古和林格尔东汉墓壁画《乐舞百戏》

河北望都东汉墓壁画《门下贼曹》

墓集中在洛阳地区。洛阳金谷园新莽墓壁画及东汉早期墓壁画沿用前期的阴阳五行图像体系，画幅、场面都在扩大，布局更加灵活，呈现承上启下的特点。属于这个阶段的壁画墓在甘肃、辽宁等边远地区也有发现。第四阶段为东汉中晚期，壁画墓广泛分布在中原、内蒙古、辽阳、甘青4个地区。题材重点转向墓主人生前的值宦经历、属吏车马、家居宴饮、庄园劳作等方面，壁画位置下移，各墓室壁画主题划分相对明确，真实地反映了东汉后期的庄园经济和厚葬风气。东汉末年，佛教图像也出现在墓室壁画中，成为神仙祥瑞中的新成员。

汉墓壁画题材按其功能和性质可分为4类：①天堂神仙祥瑞。其中有以日、月为阴阳标志的天堂宇宙图像，以青龙、白虎、朱雀、玄武四神配句芒、祝融、蓐收、玄冥、后土五方佐神的四时方位神祇图像，以西王母为主体的羽人神仙图像，以灵兽芝草为符号的灵瑞图像。②神鬼精怪和人物。这类图像的功能在于镇墓辟邪，多见的如方相氏、熊、虎豹、疆良等兽和门吏门卒等人物。③历史人物故事。见于壁画的历史人物故事有"孔子师项橐""二桃杀三士"，孔子及门人、闵子骞、丁兰、孟母等古代先贤、义士、孝子、烈女等儒家礼教典范人物事迹。④墓主仕宦经历与家居生活。如通过大型的车马出行场面来彰显墓主生前的荣耀，通过家居宴饮庖厨的描绘以示墓主死后的福祉。

汉墓壁画因其装饰部位的需要，画面的表现形式各有不同，常用的有：①一砖一画，图像主要以单体形象构成，见于神鬼祥瑞的描绘；②由多块砖连接或通贯壁面的长卷式构图，画面主题明确，形象众多，在升仙、逐疫、历史故事等题材中使用较普遍；③多层和栏式的构图，一般用于表现内容复杂、场面较大的题材；④全景式的构图，通常用作描绘宇宙天象和宴饮百戏、车马出行等内容，在东汉时较为流行。

汉墓壁画在造型手法上继承了春秋战国以来写实与夸张的传统。在沿用前代用线勾勒轮廓，然后平涂敷色的技法基础上又有新的发展。到东汉晚期，出现大笔涂刷和白描的形式，中原地区还能看到人物形象使用渲染的表现技法。墓室壁画中的这些成就从一个侧面反映出中国绘画在汉代的进展和取得的艺术成就。

辽阳墓室壁画

中国东汉和魏晋时代的墓室壁画群。主要分布于今辽宁省辽阳市北郊的太子河两岸。20 世纪初至 1945 年，日本学者先后在当地的北园等地发掘了多座壁画墓。1945 年后，东北博物馆（后改辽宁省博物馆）及辽阳市博物馆又陆续在棒台子、北园、三道壕发掘了多座。1961 年，国务院将这些地方的壁画墓公布为全国重点文物保护单位，定名为辽阳汉壁画墓群。2006 年与 2013 年，又分别有 2 座与 4 座壁画墓并入全国重点文物保护单位辽阳壁画墓群。

辽阳的汉魏晋墓大致可分为 3 期：前期约当东汉，有鹅房 1 号墓，

辽阳壁画墓群鹅房壁画墓壁画《宴饮观舞图》

北园 1 号、3 号墓，棒台子 1 号墓，三道壕车骑墓等；中期约当曹魏和
西晋，有三道壕令支令墓等；晚期约当东晋十六国时期，有上王家村晋
墓等。这些墓全部用石板构筑成墓室，壁画直接绘在墓室石壁上。

辽阳墓室壁画以表现墓主人生活为主，突出家居宴乐和车马出行等
场面。前期壁画的分布规律为：墓门两侧为门卒和门犬；前室多绘百戏
乐舞；后室和回廊绘车马出行图，大型墓的出行图中往往有黄门吹奏；
后回廊一般绘百戏乐舞、门阙、宅院以及属吏；耳室和小室则绘墓主人

辽阳壁画墓群北园 1 号墓壁画《车马出行图》

宴饮及庖厨；各室顶部绘流云。中期壁画一般在前室的右耳室绘墓主人宴饮，左耳室较小，绘庖厨。左右耳室都有车马出行的画面，画面上还出现了牛车。其他题材还有日月、楼阁、门卒、武库等。后期壁画的墓主人像绘于前室的右耳室上，出行的画面改为骑吏前导牛车，车旁有牵牛的御者，一些壁画有题字。

壁画多以墨线勾勒，再采用青、黄、赭、朱、白等矿物质颜料平涂施色，有时还出现了近似写意的画法（如北园 3 号墓），色彩经久未变，发现时一般都很鲜艳。构图比较严谨，形象颇为生动，还注意到了比例和透视关系。其艺术水平大体与中原同期壁画相同。

辽阳的汉墓壁画是中国最早发现的汉代墓室壁画。辽阳墓室壁画在东北和中国美术史上占有突出地位，它通过反映当时地方政权显贵的生活，展现了当时东北地区政治、经济、文化的面貌。与同期的中原壁画相比，它没有农耕、桑织、牧猎等生产场面，没有宣传儒家伦理道德的经史故事，更没有佛教题材，这都说明当时东北地区既受中原文化影响，又落后于中原。它的内容和形式则对高句丽（公元前 37～公元 668 年）墓室壁画有很大影响。

偃师杏园村墓壁画

偃师杏园村墓壁画形成于中国东汉时期。偃师杏园村墓位于河南省偃师市杏园村，1984 年被发掘。为东汉后期壁画墓。墓为横前室的砖石混筑墓。前室绘有车马出行图和庖厨宴饮图。《车马出行图》为长条形横幅，包括南甬道口以西的南壁、西壁全部，北壁西端一直到北甬道口东侧，画面全长 12 米，宽 0.6 米。壁画发现于夹墙中，保存尚好，尤其是北壁，画面清晰，色彩鲜艳。壁画中人、马、车均为直接平涂或略加渲染，然后局部勾勒，未见起稿墨线。三壁画面衔接，上下界以朱边。出行队伍共绘九乘安车，70 余人物，50 余匹马，由导骑、主车、从车、护骑、步

河南偃师杏园村墓壁画《车马出行图》
（局部）

卒组成，气势绵延不绝，场面宏大壮观。北壁东段下方隐约可见庖厨宴饮画面。

偃师辛村墓壁画

河南偃师辛村墓壁画《女主人宴饮图》

偃师辛村墓壁画形成于中国新莽时期。偃师辛村墓位于河南省偃师市辛村，1991 年被发掘。该墓为空心砖墓，坐北面南，由主室和两耳室组成，其中主室被两道隔梁分隔成前、中、后 3 室。壁画分绘于主室两隔梁正面、中室东西壁和前室东西耳室门外北侧。主室后隔梁由多块不同形状

的空心砖构成，上部左右两块竖条砖构成门阙，象征天门，其上分别绘瑞兽和一男子。门阙内方砖上绘西王母及其仙庭众灵异。门阙两侧两块三角形空心砖上分别绘凤和凰。前隔梁由上下横卧的两块空心砖构成一个梯形画面，正中绘方相氏，其臂两侧分别绘阳神伏羲和阴神女娲。中室东、西两壁分绘4幅图，即《乐舞图》《女主人宴饮图》《庖厨图》《男主人宴饮图》。前室东、西耳室门外北侧各绘一执棨戟门吏。壁画色彩浓重沉稳，情节风趣盎然。

昭通东晋墓壁画

昭通东晋墓壁画是中国云南省昭通县（今昭通市）城东北10千米处墓葬中四壁的壁画。据墓中墨书铭记，墓主原葬成都，东晋太元（376～396）年间迁葬于此。墓室用砂石砌筑而成，平面呈方形，边长3米，高2.2米。四壁满绘壁画，中间用云纹图案带分上下两层。上层画有青龙、白虎、朱雀、玄武和楼阙等，风格同汉代壁画和画像石刻大体一致，鸟雀的画法同战国铜器纹刻类似。下层以表现墓主生前生活场景为主。

壁画中的建筑图像有东、西两楼、一阙和一处屋角。楼的画法独特，颇似建筑剖面图，显示出内部结构。东楼底层为庑殿顶殿屋。屋顶部分作为夹层，从中柱分成两开间，上层则是置于底层屋顶之上的亭状建筑，由此推想屋顶中部当为平顶，类似后来的盝顶。底层柱头铺作为里外跳单栱，外跳托檐，里跳承托夹层内壁。上下层和夹层都有勾阑（或坎墙，见图）。西楼和东楼基本相同，只是夹层无壁，中柱下有承托构件，底层屋顶脊端有雀，翼角明显卷翘。两楼底层中部均画有一方框，可能是门或帷幄之类。

　　壁画中的建筑形象多具有汉代建筑的特征，如双开间，斗拱形式古拙，脊端立雀、阙等。尽管画法粗略，但在魏晋

云南昭通东晋墓东壁上层壁画

建筑特别是当时西南边远地区建筑史料缺乏的情况下是很有价值的。

第4章

作

制作和安装

大木作

大木作指中国古代木构架房屋建筑中负担结构构件的制造和木构架的组合、安装、竖立等工作的专业。由于古代建筑是以木结构为骨干的，因此房屋的设计也归属大木作。由中国古代著作《考工记》所载"攻木之工七"可知，周代木工已分工很细，以后各代分工不同。宋代房屋的附属物平棊、藻井、勾阑、博缝、垂鱼等的制作归属为小木作，明清时则归大木作。宋代大木作以外另有锯作，明清也归大木作。木构架房屋建筑的设计、施工以大木作为主，这一点始终不变。

◆ 设计制度

中国古代建筑在唐初就已经定型化、标准化，由此产生了与此相适应的设计和施工方法。宋《营造法式》中，已载有一套包括设计原则、标准规范并附有图样的材份制（古代的模数制）。材份制一直沿用到元末。明初，大量营建都城宫室已不再用材份制。清初颁布的清工部《工程做法则例》基本上使用了斗口制，仍可看出材份制的痕迹，但在力学上已不如材份制严谨，各种构件的标准规范也无一致的准则。实际上是旧的设计制度已被废弃，而新的设计制度还不完善。

◆ 结构形式

从远古到汉代的木结构的形式仍未能完全了解，现已知的，大体有井干式、纵架式、穿斗式、抬梁式四大类，并以不同形式沿用下来。在长江流域和东南、西南地区习惯用穿斗式结构。穿斗式结构与厅堂结构同属横向垂直的屋架，但厅堂结构由柱或蜀柱承托逐层抬高而减短的梁承受檩和屋顶的重量，故又称抬梁式结构。

井干式

在商周墓室中已出现井干式结构，后代虽只在少数地区使用，在木结构发展史上却有一定地位。其特点是以圆木或方木叠加，构成房屋四壁；四角相交处用扣搭榫结合；上加屋顶，即为房屋。因其形如古代井栏，故以此得名。在云南晋宁石寨山出土的西汉铜器上已有井干式房屋的图像，近代在云南山区仍偶有使用。

纵架式

在商代至战国时建筑遗址中，有柱子纵向成列而横向不成行的，在战国至秦汉台榭上，其四周各层周庑的柱子也是这样，表明这种房屋是用纵向柱列承檩，檩间架椽，形成平或坡屋顶的建筑，即以檩为主梁，而没有横向的梁。这种构架方法近代在西北某些地方和西藏的单坡或平顶房屋中仍在使用。

穿斗式

其特点是每间一道屋架，其柱子由外而内随屋面坡度升高，直接承托檩，各柱间用称为穿的一组横向水平木枋穿过柱身，连为一体，形成屋架；各道屋架间又用称为"逗"（或作"斗"）的纵向水平木枋连接，构成两坡顶房屋的骨架。屋面重量由椽、檩直接传至柱顶，不用横向承重的梁。穿斗式即以所用的穿和斗而得名。这种构架在广州出土的东汉明器陶屋上已出现，表明至迟在汉代已有，至今仍在江南地区传统建筑中广泛流行。

穿斗结构模型

抬梁式

又称柱梁式。其特点是柱子承横向叠加的梁（或在柱上加斗拱为中介），梁层层抬高，逐层缩短，形成三角形构架。柱和梁间用栏额、柱

山西晋祠献殿抬梁式结构

头枋、攀间、檩等相连，形成房屋构架。它以梁逐层抬高和以柱承梁得名。宋代、清代官式建筑所载构架和现存重要大型古代建筑多属抬梁式，是发展得最完善、使用得最广泛的一种构架形式。

宋《营造法式》中记载的殿堂型结构、厅堂型结构、簇角梁型结构3种主要木构架形式，都属由柱承梁的抬梁式构架。根据现存实例，可以推断这3种结构至少在唐初即已普遍应用。①殿堂结构。全部结构按水平方向分为柱额、铺作、屋顶3个整体构造层，自下至上逐层安装，叠垒而成。如造楼房，只需增加柱额和铺作层（平坐）即可。应用这种结构的房屋，平面均为长方形。有4种地盘分槽形式，即金箱斗底槽、双槽、单槽和分心斗底槽。②厅堂结构。用横向的垂直屋架。每个屋架由若干长短不等的柱梁组合而成，只在外檐柱上使用铺作。每两个屋架间用襻间等连接。每座房屋的间数不受限制，屋架只要椽数、相应步架的椽平长相等，每一道屋架所用梁柱数量、组合方式可以不同，其内柱位置、数量即通过选择不同形式构架确定，因此平面形式较灵活。厅堂结构施工较殿堂结构简便，但不宜建造多层房屋。用厅堂结构建造小规模房屋，不用铺作，被称为柱梁作，应用普遍。现存实例中，还有一种综合殿堂和厅堂结构的形式，如奉国寺

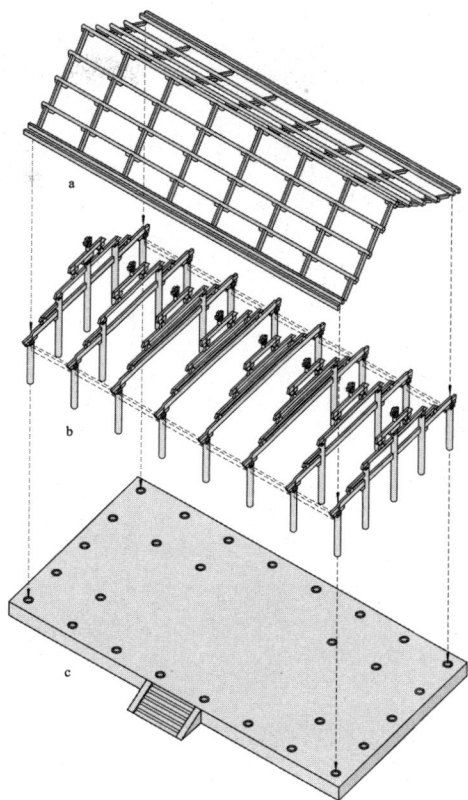

a 檩枋　　b 梁架　　c 地面

宋式厅堂构架示意图

大殿，用纵、横、竖 3 个方向的柱、梁、铺作等构件，互相交错，组成一个整体，施工繁难，辽金以后未见再用。③簇角梁结构。用于正圆或正多边形平面的建筑，每个柱头上的角梁与中心的桥杆（雷公柱）相交，组成圆或方锥形屋顶。

在明清官式建筑中，殿堂结构仅存表面形式，实际均为厅堂结构，称大木大式。普遍应用的柱梁作称为大木小式。簇角梁结构称为攒尖，

多用于小型亭榭。

◆ **构件种类**

大木作结构构件，按功能可分为柱，额枋，梁，蜀柱、驼峰托脚、叉手等，替木，檩和襻间，阳马，椽和飞子，栱、昂、爵头、斗等。其中栱、昂、爵头、斗属铺作构件。

柱

柱是直立承受上部重量的构件。按外形分为直柱和梭柱，截面多为圆形。按所在位置有不同名称：在房屋最外圈的柱子为外檐柱，外檐柱以内的称屋内柱（金柱），转角处的称角柱等。柱有侧脚，即向中心倾斜；有生起，即自中间柱向角柱逐渐加高。

北京故宫宫殿的外檐柱

额枋

额枋包括阑额（大额枋）、由额（小额枋或由额垫板）、普拍枋（平板枋）、屋内额、地栿、绰幕（后演化为雀替）等，是连接柱头或柱脚的水平构件。

梁

梁是承受屋顶重量的主要水平构件。上一梁较下一梁短，层层相叠，构成屋架。最下一梁置于柱头上或与铺作组合。梁按长短命名。显露的或在平棊（天花）

山东曲阜孔庙大成殿中的梁

以下的梁，称为明栿。明栿按外形分为直梁、月梁。直梁四面平直；月梁经过艺术加工，形弯如弓。隐蔽在平棊以上的梁，表面不必加工，称为草栿。四阿（庑殿）屋顶和厦两头（歇山）屋顶两侧面所用垂直于主梁的梁称丁栿（顺梁或扒梁）。在最下一梁之下安于两柱之间与梁平行的枋，称顺栿串（跨空随梁枋）。明清时又有紧贴梁下的枋，称随梁枋。

蜀柱、驼峰托脚、叉手等

蜀柱、驼峰托脚、叉手等是各架梁之间的构件。明清官式建筑梁上均用短柱，柱下各用角背，并不用托脚、叉手。当庑殿推山加长脊时，在头下另加一道平梁，称太平梁，梁上立一柱，称雷公柱。

替木

替木与枋平行，用于两构件对接的接口之下，以增加连接的强度，并产生缩短跨距的作用。替木在唐宋时期的建筑上是必用的，明清官式建筑已不用。

檩和襻间

是承载椽子并连接横向梁架的纵向构件。截面圆形的称檩或桁，矩形的称承椽枋。襻间用于下，是联系各梁架的重要构件，以加强结构的整体性。明清时期檩下只用垫板、枋，合称"一檩三件"，废除替木、襻间。蜀柱柱头或内柱柱身间用枋与之平行，称顺脊串。明清只用金柱间，名为中槛。

阳马

阳马又称角梁。用于四阿（庑殿）屋顶、厦两头（歇山）屋顶转角45°线上，安在各架正侧两面交点上。

椽和飞子

椽是屋顶悬挑出外墙或檐柱的部分。飞子又称飞檐椽，是附着于檐椽之上向外挑出的椽子。椽子截面圆形，首尾钉在上下两上。每一条水平长度即椽的间距，称为一椽或一架、一步架。如用飞檐，即在檐椽上钉截面矩形的飞子。

以上各类构件中，柱、椽多为圆形截面，余为矩形截面。宋以后各代对构件截面，按结构形式（殿堂、厅堂、余屋，或大木大式、大木小式）都详尽地规定出高、厚尺度。其高厚比，早期多为3：2，间有2：1的，至明清则多为10：8。

◆ 屋顶形式

屋顶又称屋盖，是中国古代建筑外形最显著的标志。各种各样的屋

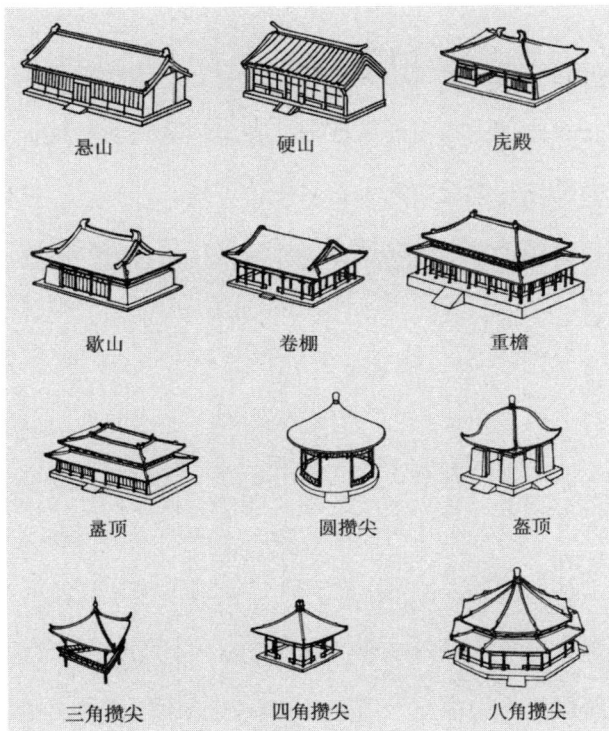

中国古代建筑各式屋顶

顶名称往往也是单体建筑的名称，如庑殿、卷棚等。屋顶有水平的或近于水平的屋顶及斜坡屋顶两类。

水平或近于水平屋顶

平的或近于平的屋顶有两种形式：一是筑成稍有倾斜的平面，称为平顶；二是筑成中部略高的弧面，能向两面排水，称为囤顶。

斜坡屋顶

斜坡屋顶的倾斜度一般为 50% ～ 66%，坡面呈略向下弯的弧线，决定坡度及弧线的法则即是举折或举架。斜坡屋顶的结构形式主要有以下几种：①一面坡屋顶。全屋面向一侧倾斜排水。②两面坡屋顶。用人字形的抬梁或穿斗架做屋顶构架，顶上垒屋脊，前后出檐排水。硬山顶是左右两端均封砌于山墙内的两坡顶；悬山顶是左右两端延伸出山墙外成两面坡；卷棚顶是屋架四架梁上立两个瓜柱，并列两个脊檩，上加弧形罗锅椽，两坡相接处呈圆弧形，不用正脊，两山可以做成硬山顶、悬山顶或歇山顶。③四面坡屋顶。庑殿顶是两山用丁栿（顺扒梁）做成斜坡屋顶，与前后屋面45°相交，上加角梁、隐角梁，直抵正脊，屋面四向排水，前后两坡相接处，在脊上垒正脊，左右两坡与前后两坡相接处，在角梁上顺斜坡垒垂脊，因共有五条脊，又称为五脊顶；歇山顶是在两山用丁栿（顺扒梁）承山面承椽枋（采步金），屋顶下部形成一至二椽深的四面斜坡屋顶，屋顶上半为前后两坡，两坡相接处垒正脊，两坡左右各垒垂脊，下半四角垒脊（戗脊），因其有九条脊，又称为九脊顶；盝顶是在屋架平梁以上不用蜀柱和脊，屋顶上部做成平顶，下部做成四面坡四向排水，平顶四周与其下坡顶相接处垒屋脊。庑殿顶、歇山顶、盝顶四角均可做成翼角。④攒尖顶。宋式用簇角梁，清式多用抹角梁，构成平面正圆或正多边形的屋顶构架，屋顶呈圆锥、方锥或多角锥体，顶上安宝顶或宝珠，多用于亭榭。屋角也可做成翼角。

◆ 榫卯构造

大木构造以用榫卯结合为原则，只有屋面椽子、连檐、望板、角梁等使用铁钉。榫卯结合方式有6种：①柱头、柱脚出榫。下入础卯，上入栌斗底卯。若叉柱造，柱脚开十字口。②横向构件如额、栿、串之类，与竖向构件如柱之类结合，均在竖向构件上开卯口，横向构件出榫，或加销眼穿串（用木销钉）。③构件对接，均一头出榫，一头开卯口。其榫卯有螳螂头口（银锭榫）、勾头搭掌（巴掌榫）等。④纵、横向构件直角平接。凡与房屋正面平行的构件上开口，与侧面平行的构件下开口，十字咬合。转角有 45°构件三向平接时，与正面平行的构件上开口，与侧面平行的构件上下均开口，斜向 45°构件下开口，三件依次咬合。⑤两构件上下叠合（如两条足材枋或替木）。上下两构件于相对位置开销眼，受暗销。⑥铺作上用斗。斗底、栱头上开销眼，受暗销。斗上横开口或十字开口，受栱昂。斗口内或更留隔口包耳。

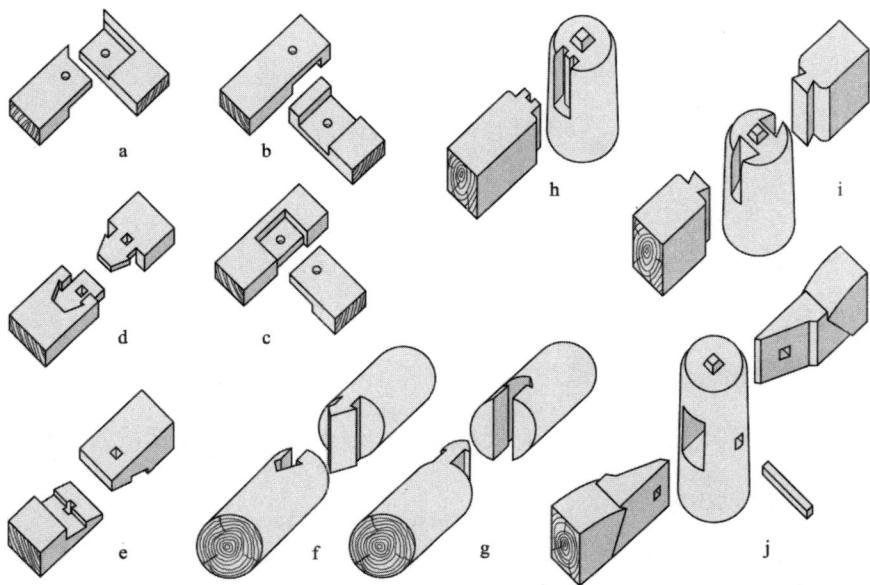

a 十字搭交之一　b 十字搭交之二　c 十字搭交之三　d 螳螂头口（普拍枋间缝）
e 勾头搭掌（普拍枋间缝）　f 螳螂头口（榑间缝）之一　g 螳螂头口（榑间缝）之二
h 梁柱镘口鼓卯　i 梁柱鼓卯　j 梁柱对卯、藕批搭掌、萧眼穿串

宋式大木构架榫卯图

◆ 施工程序

大木施工自唐宋至明清大体相同，大致可分为 5 个程序：①画杖杆。自间广、椽长、柱高，以至每一构件的长短、高厚、榫卯位置、大小，均逐一按设计用足尺画在方木杆上，同时还应画出与本构件相结合的其他构件的中线。杖杆实际上是为本工程特制的各种专用尺，画杖杆的工匠是全工程的主持者，熟知全部设计及其细节，由唐至宋都称为都料匠。②造作构件。工匠据杖杆造作构件及其上的榫卯。③展拽（试安装）。一般在铺作构件全部制成后，在地面上试作一次总体安装。④卓立、安勘（安装）。大木安装须先搭架，并准备吊装设施，再将柱子按位竖立，称卓立。然后再起吊额栿等大构件，随即依次安装。各项构件制成后已经过核对、榫卯试装、铺作试装，每一构件均已标明位置编号，因此总安装要点仅在于保证各项垂直线和水平线的准确性。⑤钉椽和结裹。依次钉铺椽子、板栈（望板），是大木作的最后一道工序。

◆ 用工用料

自宋迄清，大木作造作各种构件用工都规定有详细的定额。用工总数，在宋代以造作工为基数，其余分别按规定追加。自宋迄清，大木作用料均以松木为主。宋代木料共有 6 种规格，包括圆料 2 种、方料 4 种，要将各种原木加工解割成 8 种规格的方料，以备选用。所以宋代在大木作之外另有锯作，实际是规定用料原则。因清代木料缺乏，所以大木用料几乎全按构件尺寸折算成一定直径的圆料据以发料，在造作时随时锯解，故清代锯作包括在大木作之内。

小木作

中国古代建筑中非承重木构件的制作和安装专业称为小木作。在宋《营造法式》中，归入小木作制作的构件有门、窗、隔断、天花（顶棚）等 42 种。在清工部《工程做法则例》中称小木作为装修作，并把面向室外的称为外檐装修，在室内的称为内檐装修，项目略有增减。

◆ 门

古称双扇为门，单扇为户，后世统称为门。常用的有乌头门、软门、槅扇等。

乌头门

出现于唐代或稍早。地上栽两根木柱，柱间上方架横额，形成门框，内装双扇门。宋代因柱头装黑色瓦筒，故称乌头门。门扇四周有框，上部装直棂，下部嵌板，大的在背面加剪刀撑。一般用作住宅、祠庙的外门。明清时用在坛庙、陵墓中的棂星门的立柱，改用石制。②板门。用竖向木板拼成，两侧两块加厚，做门轴和门关卯口，其余的在背面嵌入

板门（沈阳故宫）

水平的带楅。宫殿上的板门，板钉在楅上，钉头加镏金铜帽称门钉，为装饰品。门环由兽首衔住，称铺首。一般住宅不用门钉，铺首做成钹形，称门钹。板门出现时间最早，是门中最坚牢的，用于住宅外门、城门、宫殿祠庙的大门。偶有用作殿门或殿内隔墙上的门。

软门

用竖板拼成，拼缝处加压条。一种背面有楅，构造近于板门，称牙头护缝软门；一种有边框，近于格子门，中心填板加护缝，称合板软门。软门用作大门门扇是宋代的做法，清代已不用。

槅扇

始见于宋代，也称格子门，是由唐代有直棂窗的板门发展出来的，用在外檐。清代有用在内檐的，称碧纱橱。每间可用四、六、八扇不等。每扇用边挺、抹头等枋木构成内分两格至五格的框子。槅扇透光部分的格心有单、双层两种，上糊纸、绢。现存辽金建筑中都有很多美丽的窗格。明清宫殿喜用菱花格心，在住宅、园林中有万字、冰纹、步步锦等

槅扇（安徽绩溪龙川胡氏宗祠）

图案。明以后北方住宅明间多在中间两扇槅扇外加帘架和风门。此外，明清住宅、园林中还有推拉板门、栅栏门等。

◆ 窗

在人类穴居时期，为采光和通风的需要，人们便在穴顶凿洞，谓之囱，是最早的窗。脱离穴居后，盖起房屋居住，便在墙上开窗洞，谓之牖。西周铜器和战国木椁上已有带十字格或斜方格的窗的形象。

种类

中国古代窗的种类主要有板棂窗、槛窗、横披、支摘窗、漏窗等。汉代明器陶楼和壁画中，在窗外多有花格篦子。唐以后的窗有多种形式。①板棂窗。清代以密排竖棂为主，加几道横棂，棂断面为矩形的称板棂窗，棂断面为正方形斜锯成三角形的称破子棂窗。有的棂窗只一层，装可推拉的板以启闭。有的棂窗内外两层，内层可推移，内外棂重合则开，错开则闭。②槛窗。去掉绦环板以下部分的槅扇，立在槛墙上，和明间的槅扇配合使用，其线脚、窗格也和槅扇相同。③横披。清代统称门窗

直棂窗（北京故宫弘义阁）

上面固定的高窗为横披，棂格与下层门窗相同。宋代做成水波形棂条，称睒电窗。

采光材料

门窗格上一般糊纸、绢，有的还用油浸过以增加透光度。个别有用云母片及贝壳加工品的。清末开始用玻璃。

转轴

古代门窗多在一侧的上下出转轴，上端插在连楹的孔内，下端插在门枕石的槽内。连楹是用门簪固定在门额上的横木，上有洞口以纳转轴，宋代称鸡栖木。山门和槅扇的连楹不是整木而是近于梯形的木块，分钉在门额、门限上，中有孔以纳转轴。这是中国古代门窗特有的做法。

◆ 限隔用木装修

包括栏杆、靠背栏杆、叉子、拒马叉子等。

栏杆

宋称勾阑或钩阑，有单勾阑和重台勾阑两种，后者规格较高。清代木栏杆多是单勾阑。单勾阑上下用三根横木。上一根为扶手，称寻杖，在下、中二横木间加花板或棂格。勾阑转角处加粗柱，也可不加柱而令正侧面各水平构件交搭出头。勾阑下部再加一水平构件，有两层花板的称重台勾阑。勾阑用在台阶、楼梯等处。

靠背栏杆

宋称阑槛钓窗，下部为勾阑，但中间横木加宽可坐，用"鹅项"将寻杖向外探出，俗称美人靠或吴王靠。在坐板以上立窗框，装槛窗。靠背栏杆沿用到清代，多用在园林中。钓窗近代误称钩窗。

美人靠（浙江杭州胡雪岩故居）

叉子

用在廊柱间或室内龛橱外的防护性栅栏，两端有立柱，下端有地栿，中间有两道水平的"串"，构成骨架用侧面起线脚的垂直椠子穿过串，形成栅栏。椠子上端可做成各种花饰。利用与叉子相似的做法，做护树用的四方或六角、八角栅栏，宋称为楔笼子。

拒马叉子

又称行马。是放在城门、衙署门前的可移动路障。它是在一根横木上十字交叉穿椠子，椠下端着地为足，上端尖头斜伸，以阻止车马突过。

◆ 外檐装饰和防雨遮檐构件

包括山面博缝板上的垂鱼、惹草，自檐头外挑以遮阳防雨的板引檐、水槽子，檐下的牌匾，斗拱外防鸟雀的加木贴竹网等。其中板引檐、垂鱼、惹草等清代已不用。

地板

宋称地棚。在地面加木垫块，上架木枋，枋上铺地板，用在仓库中。

考究的建筑在木楼上仍铺砖，不暴露木地板。

楼梯

宋称胡梯。坡度45°，每高一丈分12级。以两块厚板为斜梁，内侧相对开槽，其间嵌入促板（踢板）、踏板，构成梯级。再在两板间加几个木枋，出榫透过板身加抱寨，把板和梯级拉紧，构成整体梯段，称一盘。高楼的楼梯可用2～3盘。

井亭（北京故宫御花园）

井亭和井屋

宋式是立在井口上的木屋。悬山顶无斗拱的称井屋子，歇山顶有斗拱的称井亭子。清式多用八角井亭。

砖 作

中国古代建筑中使用砖材砌筑建筑物、构筑物或其中的某一部分，称为砖作。通常砖雕也列入砖作。宋《营造法式》中记述了砖的各种规格和用法，如用砖砌筑台基、须弥座、墙、水道、锅台、井和铺墁地面、坡道等工程。清工部《工程做法则例》中未列砖作，砌柱墩、基墙、墙、硬山山尖、墀头等作业属瓦作。

◆ **发展概况**

中国古代用砖始于战国时期，当时仅用于砌筒壳墓室。秦咸阳宫用刻花砖板铺地，用空心砖作台阶。汉墓中已用砖砌穹隆，西汉明堂辟雍和王莽宗庙遗址中用方砖墁地。晋、南北朝开始用砖砌筑地上的建筑物和构筑物，如用砖砌塔、城墙等。但直至唐代，宫殿、寺庙也还是用夯土墙而不用砖墙。房屋全部用砖砌墙直到元代才出现，明代以后成为普遍做法。早期砌砖用泥浆，登封北魏嵩岳寺塔、西安唐大雁塔、宜宾宋白塔等以及大量汉墓都是用泥浆砌砖。《营造法式》中载有用加石灰的泥浆砌砖，现存南宋砖石塔已用石灰泥浆砌筑。宋代有用糯米汁调白灰浆砌城墙的记载。明清建筑砌砖用白灰浆或白灰泥浆，重要建筑也用糯米白灰浆。

◆ **施工内容**

砖作施工包括建筑的基础、阶基、墙壁、砖墁地、雕砖等多项内容。

基础

宋以前的建筑建在夯土基上，把柱础下部分加密夯实。金代宫殿在夯土中挖础坑，用砖渣和土逐层相间夯实，上放柱础。明清建筑在柱础石下砌砖墩（称为磉墩），上置础石。磉墩之间砌筑砖墙（称拦土），与柱础下皮平。

阶基

建筑下部的台基宋代称阶基，后世俗称台明。考究的阶基全部用石包砌；一般的在阶条石和好头石之间不用陡板石而砌砖，即为砖阶基。有的建筑在台获之前接砌稍低一点和小一点的平台，清代称月台，做法与阶基同。

墙壁

房屋的墙壁一般都依柱子垒砌，从柱子中线分为里外两皮，外皮将柱子完全包在墙内。清式在墙的下部用细砖砌出裙肩，即宋式中的"隔减"。其上部为墙身，墙面不抹灰的称清水墙，抹灰的称混水墙。清水墙有干摆（磨砖对缝）、丝缝、淌白、糙砌4种砌法。前两种砌法用砖都经砍、磨，墙表面不留或只有极细的灰缝，内外两皮的中间填普通砖后灌灰浆，在某种程度上具有镶面砖的性质；后两种是一般露灰缝砌法。墙的顶部多与檐枋下皮相接，而相接处墙比枋要厚，故将墙的顶部按1∶2的比例做成斜坡形的墙肩。

墙壁因所在部位不同，分为山墙、檐墙、扇面墙、隔断墙、槛墙、

江西客家龙南乌石围的山墙屋脊

院墙和围墙等。①山墙。砌在房屋左右尽端的砖墙。山墙因屋顶类型不同而有多种形式。悬山山墙有顶到椽望的，也有依梁柱的分布把墙肩砌到各梁的下皮，成为阶梯形的五花山墙。硬山山墙由台基的上皮直砌到

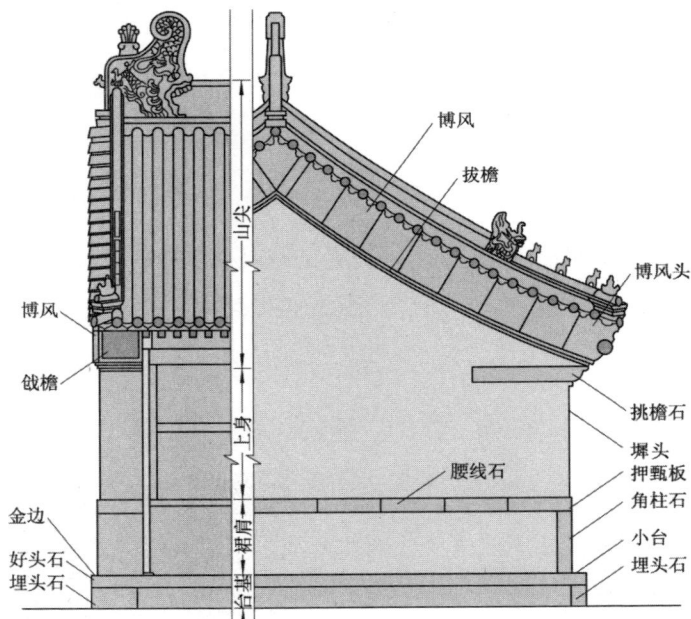

清式硬山屋顶山墙面图

浙江绍兴吕府花墙

瓦顶，正面用墀头等逐层挑出，其上陡立一微前倾的方砖，称为戗檐。最上层线脚转至山面，成为与瓦顶平行的两层拔檐线砖（或用混砖），上承砖博缝（风）。南方民居布局紧凑，山墙高出屋面，或与院墙连成整体，形成各种形式的封火墙。②檐墙。沿檐柱砌筑的砖墙，根据所在部位有前后檐墙之分。宫殿和讲究的民居多把前檐做成通间的木装修，不用砖墙。檐墙一般均高至檐枋下皮，封护檐墙则用外皮砖把檩椽封住，有各种形式，如冰盘檐、抽屉檐、菱角檐等。③扇面墙和隔断墙。都是室内隔墙。凡砌在金柱之间与檐墙平行的墙（高至金枋下皮）叫扇面墙；与山墙平行的墙（高至梁下皮）叫隔断墙。古代木构架建筑的砖墙均非承重墙，但后世砖木混合结构的房架均落在檐墙的梁垫上。也有不用房架把檩放在隔断墙和山墙上的，称为硬山搁檩。③槛墙。窗下面的矮墙，高度为柱高的3/10；如安支摘窗，高度为柱高的1/4。考究的槛墙多用干摆做法。宫殿、庙宇的主要建筑的槛墙，有用黄、绿色六方形琉璃砖拼贴成龟背锦纹等图案的。④院墙和围墙。分隔庭院和围护总体庭院的界墙，一般分墙基、下肩、墙身、墙檐和墙顶等部分。墙基糙砌，下肩多细砌，墙身有混水墙和清水墙两种做法。园林建筑中有的墙身留些窗洞，如带有什锦灯窗、漏明窗的墙身叫作漏明墙；大部用砖砌成透空图案的墙身叫作花墙。

砖墁地

房屋的室内和廊内多墁砖面或金砖地面。简单小房用斧刃砖和陡板砖墁地。有粗墁和细墁两种做法。粗墁地面用普通砖铺墁；细墁地面（磨砖对缝）须用五面加工的方砖，油灰挂缝，坐浆铺墁，然后水磨平整，

北京故宫太和殿广场御路

再上生桐油润透。

　　庭院里一般多在纵横轴线方向上墁方砖甬路；沿房屋周围铺墁向外微坡的"散水"，以免雨水浸泡房基。北京故宫太和门前面的御道用砖石混合铺墁，两侧侧砌绽砖为边线，称为柳叶砖地面。御道上墁出八字形砖趟，称为斜柳叶地面。御道两侧大面积的墁砖地面，称为海墁。

雕砖

　　明清建筑中的如意门、影壁、透风、花墙以及清水脊上均有雕砖装饰。早期在制砖坯时塑造然后烧制成花砖，逐渐变成在

山西平遥古城二郎庙道教庙宇内的"道"字砖雕影壁

砖料上进行雕刻。从事这种雕砖专业的工人称为花匠。雕刻手法有平雕、浮雕、透雕等，南北手法不同，各有特色，雕砖是中国古代特有的建筑装饰。

石 作

中国古代建筑中使用石料砌筑建筑物，制作和安装石构件、石部件的专业称为石作。宋《营造法式》中所述的石作包括粗材加工、雕饰，以及柱础、台基、坛、地面、台阶、栏杆、水槽、上马石、碑碣、拱门等的制作和安装等内容。清工部《工程做法则例》又增加了石桌、绣墩、花盆座、石狮等建筑部件的制作和安装，但不包括石拱门。上述有的施工对象在《营造法式》中被列为砖作，但形制基本相同，只是材料为砖。

◆ 石材加工

宋代石料加工有 6 道工序，石雕手法分 4 等。清代工序和宋代近似，但包括安装在内。清代各地石料加工又有自己的特点，如苏州为 5 道工序，泉州为 6 道工序。石作安装用灰浆黏合。隋建赵州桥时石券接缝已用米浆和石灰，宋、清制度也规定用石灰浆。大的石结构部件间还用铁锔拉结，宋代称为鼓卯。

◆ 石建筑物

石建筑物可分为 3 类：①单体建筑。包括塔、堂、亭、桥等。代表性实物如泉州开元寺宋代双塔、孝堂山汉代石祠、隋代赵州桥和庐山宋代石亭。②附属建筑和建筑小品。包括阙、牌坊、坊表、石幢、碑碣、

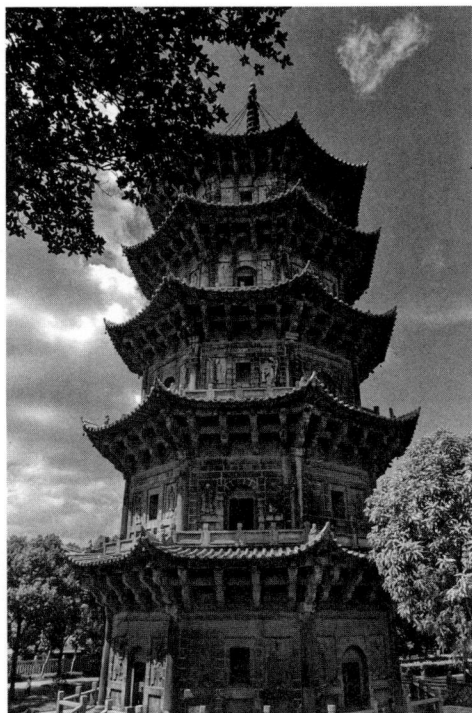

泉州开元寺塔

石座、石兽、石灯等。著名实物如渤海国石灯、明长陵石坊、宋赵县陀罗尼经幢等。③石窟工程。属石凿洞库工程，和上述一般石作又不同。

◆ **构件和部件**

建筑中的石构件和石部件主要有台基、柱础、栏杆、台阶等。

台基

台基有普通台基和须弥座两类：①普通台基。从秦汉起台基已成为建筑中不可少的部

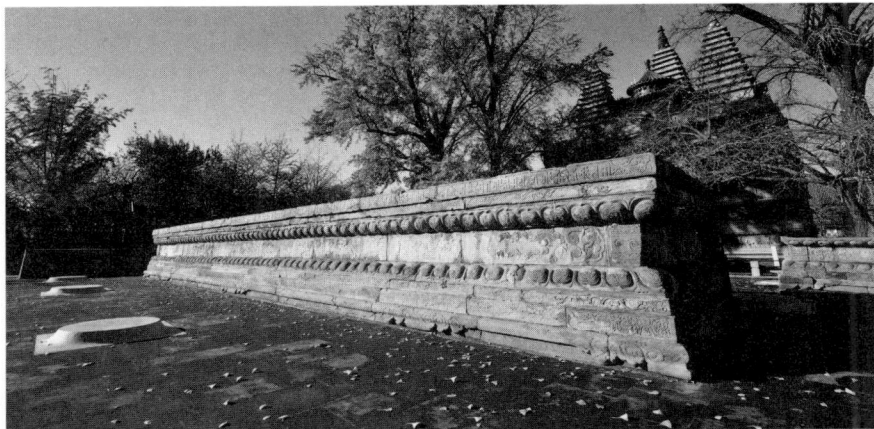

北京五塔寺大雄宝殿须弥座遗迹

分，这时的台基已有压栏石、角柱石、间柱等构件。宋、清普通台基做法基本相同，侧面光平。宋代台基上缘用压栏石、角上用角柱，清代称阶条石。宋代在压栏石以下、角石以内一般砌砖，清代有时镶石板，称陡板石。②须弥座。为多层叠涩组成的台座，由佛座逐渐演变而来。最早的须弥座实例见于北魏石窟，形式简朴，至唐代渐盛。五代时须弥座出现枭混、莲瓣造型，其后造型和装饰逐渐复杂。

柱础

柱础是承受屋柱压力的垫基石，木架结构的房屋柱柱皆有柱础。宋称柱础，清称柱顶石，是放置在柱下的石制构件，为扩大柱下承压面及木柱防潮而设。早在商代时已在木柱下置卵石或块石作柱础。秦代已有方 1.4 米的整石柱础，一般的柱础有覆斗等形式。魏晋时出现了莲瓣柱础。为了防潮，南方各地的柱础较高，形式多样，雕饰花纹丰富，成为重点装饰的部位。

山西大同石家寨村司马金龙墓出土的石雕柱础

卢沟桥西端石象

栏杆

宋时称勾阑或钩阑。最早

使用的是木栏杆，石栏杆出现较晚。所见最早的为隋建赵州桥和五代建造的南京栖霞寺舍利塔上的石栏杆是仿木形式。宋代和清代的石栏杆构造基本相同，都是用整块石板仿同时代木栏杆的形式镂雕，称栏板。板间立石柱，称望柱。栏板、望柱间用榫连接，一般均一板一柱相间。宋代栏板可以接续，有时可隔几板始用一柱，清代栏板望柱下加地栿。石栏杆端头望柱外须支顶，金建卢沟桥两端置石象为最早的实例。明清时发展了抱鼓石，并成为定制。宫殿须弥座台基边设石栏杆，每望柱下要加一外雕作龙头状排水口的石条（螭首）。

台阶

为登高的道路。分阶级的宋称踏道，清称踏跺；作坡道的宋称墁道，清称礓磋，但宋代墁道属砖作。踏跺宋、清基本一样，两边各斜置一条

北京天坛台阶

石（垂带石），其间装条石踏步。垂带外侧的三角形垂直面，宋代用条石层层退入砌成，清式用一平石板（象眼石）。在踏跺前方和两侧铺和地面相平的条石。明清宫殿主殿和主殿门中间的踏跺是皇帝专用御路，多做成中央斜置一条雕云龙御路石，两侧各有窄的踏跺。雕云龙御路实际不能行走，由太监抬辇舆走在两侧踏跺上，把坐在辇舆中的皇帝从御路石上空抬过去。礓磋是两边加垂带石、象眼石，下加土衬石、砚窝石，形式与踏跺相同，斜坡道表面铺凿有防滑的横向细齿的石条。

土 作

中国古代建筑工程中土方工程的筑基、筑台、筑墙、制土坯、凿井等专业称为土作。

宋《营造法式》把该项作业归入壕寨。宋、元时建筑陵墓、兴修水利等作业也属于壕寨。宋修陵时设都壕寨，相当于建屋时的都料匠。《营造法式》中的壕寨部分还包括测量内容。元在都水监下设有壕寨一职。清工部《工程做法则例》中的土作部分只包括刨基槽和夯筑灰土、素土作业。

◆ 发展简史

在中国古代的黄河中上游黄土地区，建造稍大些的建筑都必须夯筑地基，消除湿陷性。早在4000多年前新石器时代的大溪文化已掌握夯土技术，出现夯土建造的城墙。自商至唐，重要建筑包括宫殿在内都用夯土做台基和墙壁。中国古代可以在一两年内建成都城和宫城，就地取材的夯土作业在其中起着关键作用。直至清代，重要建筑地基仍用夯土。

因土作在中国古代建筑中占有重要地位，所以大规模建筑活动被称为大兴土木。

◆ **主要作业**

土作中的主要作业是筑墙和筑城两项。

筑墙

古代土墙主要有夯土墙、垛泥墙和土坯墙三类。①夯土墙。有下宽上窄墙面斜收的桢干筑墙和墙面垂直的版筑墙。《营造法式》中的墙、露墙和抽纴墙都是墙面斜收的夯土墙。这两种墙的夯筑方法至迟在商代就已经有了，沿用至今。②垛泥墙。用草拌泥一层层堆垛至所需高度，再铲削平整墙身。始见于陕西岐山凤雏早周建筑中，沿用甚久。③土坯墙。用泥浆砌土坯造成。土坯有两种：一是用湿草泥脱模晒干成坯，俗称脱坯；二是用湿度适中的土在坯模中夯筑而成，古书上称为土墼。两种土坯都出现于商周以前，沿用至今。直至宋代，宫殿寺庙的墙仍是在砖砌墙裙以上砌土坯筑成的，只是有的加木骨而已。个别地区把密布已碳化的植物根的土切块铲起，晒干成为坯（垡），也用来砌墙。

筑城

先挖基槽，逐层夯实为城基。城身两面都有坡度，各种性质的城的坡度和高厚比不一，《营造法式》规定为"高四厚六，每面收一"。早期的城先用版筑法筑一垂直的墙身，两侧用斜夯层贴筑出斜坡，郑州商城就是这样做的。后世多为整体平夯，方法与用桢干筑墙近似，但因城身过厚，两面相对之干不能彼此相连缚紧，所以改用草绳缚在钉入城身的木橛上固定。为防城身崩毁，城两侧垂直于城表面每隔一定高度铺一层木椽。至迟到战国时期已用这种方法。《营造法式》称木椽为"纴木"，规定"每城高五尺铺一层"。类似的表面收坡的大体量夯土工程，如城门墩、堤坝、殿基、台等都用上述做法。汉以前的台榭是先夯一整台，再挖出房间，留出隔墙。

◆ 材料和工艺

夯土有素土、砖石渣土、灰土等不同种类。汉以前夯土每层一般厚10厘米以下。《营造法式》规定每虚土5寸夯实为3寸（寸为中国市制长度单位，1寸约等于0.33厘米），《工程做法则例》规定每虚土1尺（尺为中国市制长度单位，1尺等于10寸，约为0.33米）夯实为7寸。从宋代起，在筑大建筑的台基和柱础基时，用一步素土及一步砖石渣土相间夯筑。砖石渣土每3寸夯实为1.5寸。金中都宫殿就是在夯土基中挖方坑，内用夯土、砖石渣土夯实做柱基的。明清重要建筑盛行打整体灰土基础，俗称满堂红。灰土比自1：1至1：9不等，每虚土7寸夯实为5寸。灰土老化后强度大，且有一定的抗水蚀能力。圆明园一些临水殿基即是在木桩上打灰土，残基暴露百年以上仍基本上保持原有形体。

夯土工具在宋以前主要用木杵，有的加铁或石制的夯头。在《工程做法则例》中记载的夯土工具是夯和巌，有大夯、小夯两种做法。小夯径3寸，用来筑灰土；大夯径6寸，用来夯灰土和素土。用夯筑实，用巌找平。

泥　作

中国古代建筑工程中的抹灰专业称为泥作。泥，指用泥浆或灰浆涂抹墙面、地面、顶棚，在古代又称涂、墐、墍。在宋《营造法式》中，泥作的任务除抹灰外，还包括做壁画墙面，砌筑灶、茶炉和射垛，垒砌土墼墙。清工部《工程做法则例》把抹灰归入瓦作，未列泥作。

◆ 发展简史

在中国仰韶文化的建筑中，房屋的室内和墙壁、地面已抹草泥并加涂白灰。战国时秦都咸阳遗址中，发现在墙上用草泥打底，白灰粉刷，绘壁画。在公元前1世纪的西汉明堂遗址中，地面和墙面已采用粗泥打底、细泥抹面、上加粉刷的三重做法。长期以来，抹灰被广泛用作防潮、防火、防寒、保护墙面、改善卫生条件、增加美观的措施。

◆ 主要工序

在《营造法式》中记载的抹灰工序是：先以粗泥打底，中泥找平，再用细泥作衬，然后上层抹石灰泥，最后收压五遍，使表面光泽。也可减去做中泥工序。如在墙面上绘壁画，则先用粗泥打底，横铺一层竹篾，以泥盖平，钉麻刀用泥分披，再用泥盖平，后用中泥作衬，上面涂沙泥，收压10遍，使泥面光洁平整，最后绘画。这种基本做法沿用很久。

◆ 材料与工具

制作灰泥的材料主要是石灰、黄土、麻刀、麦秸、麦壳、青灰、红土等，加适量的水拌搅而成。《营造法式》规定：粗泥、细泥分别为用黄土加不同量的麦壳、麦秸和成；石灰泥用石灰加麻刀和成；沙泥用白沙、胶土麻刀和成；若在石灰中分别加入青灰、红土、黄土，则为色灰泥。清代白灰用量加多，个别材料有增减，但主要材料不变。

泥作工具在中国古时称为槾、杇，用木制做。后改用铁制，称为镘。现在叫抹子，有木制和铁制两种。个别地方仍叫镘子。

搭材作

中国古代建筑工程中用木材（或竹材）支搭施工辅助设施和临时建筑的专业称为搭材作，今称搭架子。搭材作的工作内容是搭脚手架（供砌砖、抹灰、绘饰彩画、装卸构件等工作使用），以及吊装起重架子、打桩架子，搭席棚、布棚等。宋《营造法式》中的"卓立搭架"就讲到施工用的脚手架。清工部《工程做法则例》中列有"搭材作"一节，并列出了 11 种架子的用工用料。搭材作的工人，古代叫搭材匠。明代工役中已有搭材匠一行。清内务府有绳子匠、杉篙匠、彩子匠、缮席匠等，都是同搭材作有关的工匠，现代叫架子工。

◆ 施工流程

中国传统搭架子的做法是以"立杆"和"顺杆"搭成方格形。立杆（站杆、冲天、立柱）与地面垂直，其作用是将架上的荷载垂直传到地面，间距 1.5 米左右，沿墙面立几排立杆，便叫几排架子。顺杆（大横杆、牵杠）与地面平行，其作用是将杆上的荷载传到立杆上并牵扯固定架子，间距约 1.2 米为一步架。为加强架子的稳定性，另支各种斜戗（斜撑），这些组成架子的基本骨干。施工用脚手架为了供工人操作和堆置用料，在顺杆上放横木，横木上架脚手板，旁边附有斜道（马道、盘道、戗桥），供工人上下和运输少量材料。

◆ **支架类型**

因用途不同，脚手架有多种类型。在清工部《工程做法则例》上，把随瓦作搭砌砖墙用的脚手架称为砌墙脚手架，随大木作的称为竖立大木架子，在屋面上铺的用于调脊和捉节夹垄的防滑扶持栏杆称为搭持杆。

中国传统的垂直运输工具是利用竖立的架子安装秤杆，称挂天秤。用人拉绳或绞盘拉绳，将一端的重物提到需要物料的工作点，在《工程做法则例》上称为贯架。打桩架子是在竖立的架子上安桩锤，以绳牵动桩锤起落，将桩打入地面土壤中，《工程做法则例》上称碼盘架子。搭架子一般用杉篙、硬杂木或松木板，也有全部用竹或部分用竹的。各杆交接处以扎缚绳（白色苘麻绳，径 1.2 厘米）和连绳（又称三股绳，黄色线麻绳，径 0.4 厘米）扎结，用标棍上紧。绳子打结，有麻花结、银锭结、半边掖结等，现在一般用铁丝或连接件扎结。

◆ **主要作用**

棚是用木（或竹）支搭架子，外面覆盖席或布，称为席棚或布棚。古代用作阅武大典的临时演武厅，用作临时野祭场所和奉安

清代玉牒亭

梓宫临时停枢处的芦殿，就是起脊的大席棚。《晋书》中说的"紫丝布障"就是布棚。《营造法式》和清工部《工程做法则例》中都提到搭棚，并做出有关规定。棚除用作临时性工棚、库房外，还用于夏季遮阳（凉棚），冬季挡风（暖棚）。用于婚丧喜庆的棚可以搭成楼房形状，四面出游廊，仿建筑物做出瓦垄、檐头、栏杆等。从宋代起，还曾以杉篙作架，上覆布结彩花，搭出彩亭、彩台、彩牌楼等，称彩楼、山棚，并沿用至清代。这便是中国特有的扎彩工程。在宋代的《清明上河图》和清代的《南巡盛典》图中都可看到这种建筑的形象。

瓦　作

中国古代建筑业中的屋面工程专业称为瓦作。在宋《营造法式》中，瓦作包括苫背、铺瓦、瓦和瓦饰的规格及选用原则等。清代的瓦作内容大增，在清工部《工程做法则例》中，除上述内容外，瓦作还包括宋代属于砖作的内容，如基墙、房屋内外墙、砖墁地、台基等。

◆ 发展简史

中国陶瓦出现于西周初期。西周时已有板瓦、筒瓦、半圆瓦当和脊瓦等品种。战国晚期起，宫殿建筑的屋檐用圆瓦当。北魏宫殿开始使用琉璃瓦。唐代除用琉璃瓦外，所用的青瓦有两种：一种是普通青瓦，另一种是借鉴黑陶技术制造的色泽黝黑、光润的青掍瓦。其中，青掍瓦是当时的高档品种，用在主要建筑上。宋、元宫殿用各种彩色的琉璃瓦顶。明代瓦的制造有长足发展，宫殿建筑普遍应用琉璃瓦，瓦和瓦饰的规格、品种开始系列化。

◆ 瓦的种类

瓦分筒瓦和板瓦。考究的房屋用筒瓦盖瓦垄，一般房屋全用板瓦。檐口处筒瓦头称瓦当，板瓦头称滴水。屋脊装饰瓦件品种很多，正脊两端的瓦件称正吻，又称大吻、龙吻，是封护屋面前后两坡交会处的防水构件。它的造型和称呼有一个长期的演变过程。汉、唐时期外形简单，尾尖内倾，外侧饰鳍状纹，状如鸱尾，故名鸱尾；中唐至辽代鸱尾下部出现似张口吞脊的兽头，故称鸱吻；元代尾部渐向外卷曲，至明清尾部完全外翻，出现背上的剑靶，外形为龙样装饰，故称龙吻。按建筑规模的大小，清工部《工程做法则例》规定正吻分8种规格。垂脊下端的瓦件称兽头（宋代）或垂兽（清代），也常用于规格较低的宫殿的正脊。脊端的小瓦兽称蹲兽（宋代）或走兽（清代），也有8种规格，数目为单数。正吻、垂兽、走兽只限用于宫殿、坛庙、王府、寺庙等建筑。瓦件规格繁多，宋代有筒瓦6种，板瓦3种，鸱尾6种，兽头8种，蹲兽4种；清代琉璃瓦和瓦饰统一

山西平遥镇国寺万佛殿上的鸱吻

配套，分 10 级。按建筑物的等级和大小选用不同规格的瓦件。

◆ 瓦的用途

中国南北气候不同，瓦顶做法也有不同。长江以南的建筑由于空气湿度大，瓦顶不用胶结料，使屋面有透气性，以防木材腐朽；瓦顶中无防寒层，底瓦直接铺在两桷（扁方椽子）之间，凹面朝上，盖瓦覆在两行底瓦缝间上面，凹面朝下，形似北方的阴阳瓦屋面，称为蝴蝶瓦屋顶。北方的屋顶多在椽子上铺席箔或荆笆、木望板、望砖等，然后苫草泥背。

屋顶两坡瓦面接缝部分多用屋脊骑缝压盖，以防漏雨。位于前后两坡接缝部分的屋脊称作正脊，自正脊两端向下垂至檐部或斜垂至屋角的

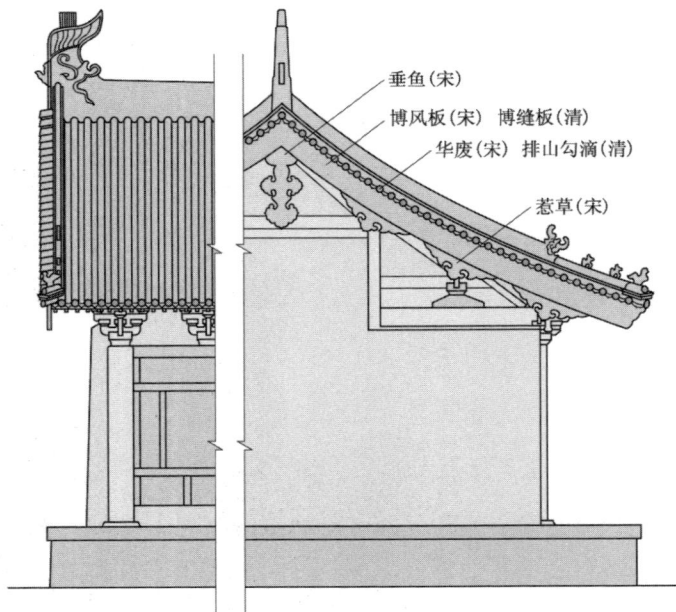

垂鱼（宋）
博风板（宋）　博缝板（清）
华废（宋）　排山勾滴（清）
惹草（宋）

悬山屋顶及排山勾滴图

屋脊称为垂脊。重檐屋顶下檐屋脊出 45° 斜垂至屋角的屋脊，称角脊；歇山屋顶垂脊下端出 45° 斜垂至屋角的屋脊，称岔脊。硬山屋顶、悬山屋顶只有前后两坡，大式建筑在屋顶两山垂直于边垄铺一排瓦，盖住下面的博缝板，宋式称为华废，清式称为排山勾滴。歇山屋顶的两端做法与之相同，垂脊则压在边垄和排山勾滴之间的接缝处，正脊与垂脊相交处用正吻。等级较低的屋顶不用垂脊，屋顶两山只用筒瓦和披水砖压梢。正脊部位或做清水脊，或做更简单的皮条脊。不用正脊的屋顶可用罗锅筒瓦和折腰板瓦做出弧形的沟垄，如阴阳瓦顶的鞍子脊和筒瓦顶的元宝脊均属过垄脊。在过垄脊屋顶的两梢做出由前檐引向后檐的垂脊则称箍头脊。如在博缝上加铺排山勾滴，则垂脊压在排山勾滴和边垄的交缝处，俗称铃铛排山。

宋、元以前的屋脊，在当沟瓦上平铺线道瓦，并用条子瓦垒脊，后来改为在混砖上砌脊胎，贴砌通脊斗板砖和混砖扣脊瓦组成屋脊（清中叶改用烧制中空的脊筒瓦）。琉璃瓦屋顶的各个部位均有配套的预制构件，尺寸严格，组装时不用砍凿，设计时可根据脊的类型选定规格。大式建筑的檐角背瓦上使用仙人、走兽、套兽等均有严格的规制。

窑　作

中国古代建筑工程中制作陶土、琉璃砖瓦和装饰构件的专业称为窑作。宋《营造法式》中所列的窑作包括制坯、烧变、用药等工序，并附垒窑制度。清代窑作是独立的手工业，故清工部《工程做法则例》中不列。

◆ 发展简史

陶和琉璃制品用于建筑在中国有很长的历史。河南淮阳平粮台龙山文化遗址中的陶制下水道，距今已 4000 多年。西周初期在制陶技术的基础上，创造出覆盖屋顶的瓦。战国时期生产出砖。北魏平城（今山西大同）宫殿使用了琉璃瓦。唐代的瓦已有 3 种，即灰瓦、琉璃瓦及青瓦。其中，青瓦色泽近似黑陶，质地密实、表面光滑，是优质瓦。明代开始用煤烧窑，窑作发达。砖瓦的产量多、质量好，在建筑中得到广泛应用。

◆ 产品种类

窑作制作的产品包括砖、瓦、装饰构件等。

砖

《营造法式》中对砖的品种规格有较系统的记载，有方砖、条砖、压阑砖、砖碇、牛头砖、走趄砖、趄条砖、镇子砖 8 种。方砖用于墁地，条砖用于砌墙，牛头砖用于砌拱券，走趄砖和趄条砖用于砌城壁表面。

御窑金砖烧制场景

明清砖的品种少，主要有条砖、方砖两种，但规格多。最大城砖长 1.47 尺，最大铺地方砖边长 2.4 尺。

明清时期，制砖一般经过亮（晾）土和沤泥、踩泥和摔打、造坯、亮坯、装窑、烧窑、洇青 7 道工序，与近代制作方法基本相同。所制的砖按制坯的精粗，可分为 5 种：①糙砖。用黏土加水

北京故宫太和殿金砖地面

拌和后摔打，闷一夜之后即可制坯。这种砖质地粗糙，多用在混合墙和基础工程中。②砂滚砖。为避免黏土在速干时产生裂缝，以干砂附着在土坯的表面后烧制而成。清代晚期用砂质黏土制的砖又称砂滚砖或砂板砖。③停泥砖。把泥浆存放较长的时间（经过冻和晒）再行制坯上窑，砖的质地较细。大型停泥砖尺寸与大城砖相同，称停城砖。停泥法还用于制作其他规格的砖，如停泥方砖等。④澄浆砖。沉淀砂砾，澄出上部的细泥浆经过晾晒减去水分后造坯。这种砖的质地细密，能做磨砖对缝的墙面和地面。用澄浆法还可制作其他规格的砖，如方砖、大城砖、斗板砖等。明代临清附近生产的澄浆城砖质地最佳，称为临清砖。⑤金砖。又称京砖。产于苏州。在明代是专供宫殿室内铺墁地面的大型方砖，质地极细密。在制造过程中，除各道工序工作更加仔细外，晾晒泥土须经一冬一夏，制成砖坯后用油纸包封严密，再阴干 1 年，然后入窑。烧成砖后要逐块检验，表面要光洁无疵，而且敲击时有金属之声，因此得名

金砖。

瓦

系统记载瓦的品种规格也始于《营造法式》，如筒瓦、板瓦、华头筒瓦（勾头）、重唇板瓦（滴水）、鸱尾、兽头、蹲兽等。明清时期制瓦的工序同制砖工序相似。为了避免瓦件渗水，必须用细黏土和泥，经过踩泥、渍润，把制瓦轮的扎圈安固，套以布筒，以水搭泥贴在布筒上，随即摇轮并拍打光洁平整，将扎圈随带的泥筒放在亮（晾）瓦场上，取出扎圈和布筒晾晒土坯，稍干后用刀切为 4 片，即成板瓦。筒瓦的扎圈直径小，上端做出榫头，坯筒稍干时用刀切为两半，即成筒瓦。由于瓦坯内有布纹，所以青筒板瓦又称布瓦。勾头瓦是用筒瓦坯制作，在筒瓦坯的一端黏挂一块模压有花纹的瓦当（秦以前为半圆瓦当，秦以后为圆瓦当），烧制后即为勾头（宋代称华头筒瓦）。滴水是在板瓦坯的一端黏挂一块模压有花纹的垂尖。阴阳瓦的滴

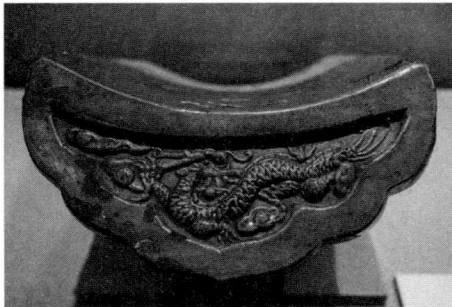

琉璃滴水瓦

琉璃瓦当

水称花边瓦,是带盆沿的板瓦;阴阳瓦的勾头是用烧成后的花边瓦现粘。元代以前的滴水瓦(无论是琉璃瓦还是筒板瓦)都是花边瓦的形式,无垂尖,称为重唇板瓦。

元代以后,北京砖瓦制坯所用的泥土为纯净的坩子土。坯子干透后先入坯窑烧制,然后在坯子表面涂刷釉料再烧制,釉料的组成根据所需的色彩选定。

竹 作

中国古代建筑工程中加工竹材用于建筑的专业称为竹作。长江以南盛产竹材的地区,民间建筑工程上用竹颇为广泛,如用对半劈开的竹筒代替屋面上的片瓦,用竹材做柱、梁、椽。造竹索桥也是竹作的一项内

云南傣族竹楼施工工地

容，四川灌县珠浦桥（今已改建）最大跨度达 60 余米，是有代表性的竹作实例。

据宋《营造法式》所载，竹作的主要作业有：①把竹片纵横编织成固定尺寸的笆席制品，苫盖在房屋椽木上，代替木望板承托上面的泥背、瓦件。竹笆常与芦苇制成的苇箔并用，例如殿阁七间以上可用竹笆一层、苇箔五层。②在隔断墙的木框架中，以竹片纵横编织镶嵌围护，形成完整的隔墙，《营造法式》称之为隔截编道。③将竹篾编成网状，并以小木枋固定于殿阁外檐斗拱外围，以防止斗拱为鸟雀污染。④把细竹片编成席子并缀以水文、方胜、龙凤各种花纹，成为一种铺地材料。⑤分隔庭院的篱笆、栅栏，暑天搭盖凉棚，建房架木节点上的套索，都可以使用竹竿、竹片、竹篾等。清工部《工程做法则例》中无竹作专项。

装饰保护

油 作

中国古代建筑工程中为保护和装饰木构部分，在木构件上刷色涂油漆的专业称为油作。在宋《营造法式》中，彩画作内容包括油作；清工部《工程做法则例》中分别列有画作和油作章节，油作作业内容为油饰木构件。

从宋代周必大《思陵录》所记载的宋高宗永思陵内容看，建筑的柱子和门窗装修上要刷色罩油，用法红油、矾红油等。据《营造法式》载，大面积刷饰做法是先在木构件上遍刷胶水，然后刷色二道，刷胶水一道罩面，也可用桐油罩面。从现存元明建筑物看，也是在柱、门窗上刷很薄的地子，上面罩油。

清官式油作工艺复杂，分打地仗、刷油两个步骤。①打地仗。打地仗之前先对木构件做表面处理，即砍毛，使地仗和构件结合坚牢，有鏊砍见木、撕缝、下竹钉、汁浆4道工序。打地仗是用桐油、猪血、砖灰等配成的不同粗细的腻子分层涂在木构件表面，有单披灰和使麻灰两类方法。单披灰法有捉灰缝、扫荡灰用中灰、扫荡灰用细灰等工序，由粗至细分涂2～3次，逐层压紧磨平，然后涂生桐油，使其浸透上层细灰，有三道灰、四道灰等不同做法。使麻灰的做法是在上述各层灰间粘麻，称使麻，最多的用3层麻、2层布、9层灰，共14层，称三麻二布九灰，是清代内廷工程最高级的做法。最少的是一麻三灰。②刷油。刷油时，在上述做好的地仗上还要再刮细腻子，磨光，然后依次上带色的糙油、垫光油（1～3道）和光油（清油）。

清以来，木构地仗所以出现越做越厚的趋势，其主要原因为：①清代建筑多承自明代，因年久反复修缮，原有构件大多不太平直圆顺，棱角也不完整，只能通过加厚地仗、使麻糊布、过板闸线等工艺手段得以再现昔日光彩。②当时人们认为，很薄的地仗是不能长期抗御自然界各种侵蚀的，因此要加大地仗厚度和加强地仗的拉力（糊布或使麻）。这种加厚地仗的做法使木构件表面平整，油色光亮，装饰效果强，但所涂桐油并未渗入木料，不能起保护木材的作用。年时稍久，地仗极易成片脱落或起壳，内部包藏水汽，从而使木构件加速糟朽，其保护效果反而不如宋、元、明时直接涂油。但清代用这种做法也有客观原因，即清代有些建筑的柱梁等大构件是用小料拼成，有的还加铁箍，需要用这种厚地仗加以掩盖。清式油作还包括在地面砖、槛墙裙肩上钻生桐油和上光油的作业。

雕　作

中国古代建筑工程中从事木雕工艺的专业称为雕作。此为宋《营造法式》中的名称，清工部《工程做法则例》中称其为雕凿作。中国古代建筑中早期的木雕实物没有保留下来，现存木雕实物以宋代为最早。山西太原晋祠圣母殿上的北宋时期的缠龙柱，是国内现存历史最久的木雕。

《营造法式》雕作中规定的雕法有 6 种：①混作。指圆雕。规定了望柱头上用的 6 种人物、鸟兽及角神、缠柱和藻井上用的龙等。②雕插写生花。指镂雕。将雕出的整枝花束贴在栱眼壁上。③剔地起突卷叶花。指高浮雕。花形四周地子减低，花瓣、花叶翻卷处和枝梗穿插交搭处都

山西太原晋祠圣母殿缠龙木柱

镂雕成立体状。④剔地洼叶花。指不突出地子之上的浮雕。花、叶翻卷，枝梗交搭，其地子只沿花形四周用斜刀压下，突出花形而不整个减低。⑤平雕透突诸花。在平板上镂去花形间空隙，再用剔地起突或压地隐起雕法雕出的浅浮雕。应用于梁、阑额、格子门、牌带、勾阑、椽头、平棊等处的饰件。⑥实雕。在构件上随形用斜刀压雕。隐出花形，用于勾阑构件和博风板上的垂鱼、惹草上的花饰。

彩画作

中国古代建筑工程中为了装饰和保护木构部分，在建筑的某些部位绘制粉彩图案和图画的专业称为彩画作。彩画用的颜料以矿物颜料为主，植物颜料为辅，并加胶和粉调制而成。矿物颜料覆盖力强，经久不变色，有的有毒，能起一定的防虫作用。

中国木构建筑上绘制彩画源远流长，至迟春秋时在建筑上已有彩画。甘肃麦积山石窟北周窟中的彩画绘在柱、枋上，已出现近似宋式角叶、清式藻头的图案。在敦煌石窟五代、宋初建筑的窟檐和南唐二陵中都有以红为主调的彩画。

◆ 主要手法

历代彩画虽在图案、用色、做法上有所不同，但长期以来形成一些具有稳定性的手法。①叠晕。用同一颜色调出 2～4 种色阶，依次排列绘制装饰色带的手法。这样画出的彩画可突出构件形体和主要图案。两组叠晕相并时，浅色在内，称为对晕。"叠晕"一词始见于《营造法式》，明清画作称叠晕为"退晕"。叠晕最早的实例见于长沙马王堆一号西汉墓漆棺。②间色。在建筑相邻各间的同类构件上，或在同一构件的不同段落或分件上有规律地交替使用几种冷暖、深浅不同的底色，以较少的颜色造成较富丽的效果。在明清彩画中，以青绿相间为定法。③沥粉。用胶、油、粉调成膏，在彩画上画凸起的线，上覆明亮颜色，以加强彩画立体感、层次感的手法。实例最早见于长沙马王堆一号西汉墓漆棺，在宋元壁画上大量出现，在明清建筑彩画中广泛应用。④贴金。用胶画线和图案，上贴金箔的手法。可以调和不甚谐调的色彩间的关系，辉煌璀璨，多用于重点装饰。

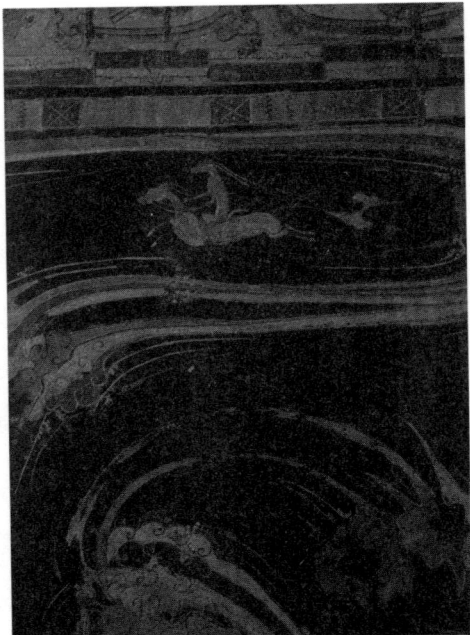

马王堆一号汉墓外棺之彩绘漆画
《云气异兽图》

◆ 绘制工艺

对古代彩画的图形、用色、做法记载最详的文献是《营造法式》彩画作和清工部《工程做法则例》画作。按照这些做法绘制的彩画分别称为宋式彩画和清式彩画，宋式、清式彩画工艺和品种各具特色。此外，历代还有不同于这些官式做法的民间做法。

宋式彩画

《营造法式》中关于彩画的规定，是画彩画处要先遍刷胶水，再按所画品种分别刷白色或棕灰色衬地；衬地上先按花纹略铺底色，再细画花纹；画时颜色重叠处先刷矾水，全画完成后罩一层胶水。所见宋以前唐代和宋以后元代的建筑彩画也都是这种做法。宋式彩画主要有 5 个品种：①五彩遍装彩画。以暖色调为主，多用红、朱、赤、黄等色。叠晕除青绿外还用朱，为其他品种所无。所用图案有各种华文（几种花形图案）、琐文（密纹图案），大型构件还在华文、琐文中间画飞仙、飞禽、走兽、云纹等。这是用色和图案最繁复的彩画，用于重要宫殿。②碾玉装彩画。包括柱子在内，均以青绿为主调，不用红色。其图案与五彩遍装彩画基本相同，但不用飞仙、飞禽、走兽。③青绿叠晕棱间装彩画。也以青绿为主调，但不画华文、琐文，只用叠晕，柱身用青绿或素绿图案。④解绿装饰彩画。上部以红色为主调，斗拱梁枋满刷土朱，边缘用青、绿相间叠晕，如正面青晕则侧面绿晕，相邻构件青绿晕互换。但柱子仍画绿晕，仅把柱头、柱脚画朱色或五彩锦地。⑤丹粉刷饰彩画。又称赤白彩画。全部以红为主调，斗拱梁枋和柱子满刷土朱，下棱画白线，构件底面通刷黄丹，然后表面通刷一道桐油，是彩画中最简单的一种。以土黄色代土朱时称黄土刷饰。上述 5 种有时在同一建筑中同时使用两种，相间布置，称为杂间装。

清式彩画

清式彩画与宋式彩画明显不同之处是除游廊仍用绿柱外，建筑都用红柱，檐下彩画以青绿为主。清式彩画柱子除金龙柱外，一般不加彩画。彩画重点在檐下。挑檐桁和下面的大小额枋都分五段，两端称箍头，稍中称藻头，中间称枋心。根据图案和用色的差别，清式彩画大体可分为

3 类：①和玺彩画。用在主要宫殿，以龙为主要题材，其中又可分为金龙和玺、龙凤和玺、龙草和玺、金琢墨和玺等。和玺彩画的藻头作 Σ 形。在箍头、藻头、枋心上都画龙。明间挑檐桁为青箍头，青楞线，绿枋心；下面的大额枋和相邻间的挑檐桁为绿箍头，绿楞线，青枋心。用色规律是同一间的上下构件和相邻各间的同种构件青绿互换。和玺彩画中金龙和玺使用大量沥粉贴金，最为富丽。②旋子彩画。以在藻头上画旋子得名，枋心上画龙、锦、西番莲，或只在素地上压黑线，称一字枋心。旋子彩画的构图源于圆花藻头，旋子是涡卷瓣旋花的简化形式，明代的旋心部分常用贴金的如意头、石榴或红晕莲花，色调鲜艳夺目。清代旋子和旋心都简化成圆形，着重构图变化和旋子的组合，以适应大小额枋高度不同的要求，艺术性较差。清代又将旋子彩画按退晕和贴金的多寡分为 6 个等级，用在不同等级的建筑上。③苏式彩画。从江南的包袱彩画演变而来。布局与和玺彩画、旋子彩画不同之处是，在檩、垫板、枋三构件上相当于枋心处统一画一个很大的画心，内涂浅色地子，上画山水、人物、翎毛、花卉等图案。两端的箍头也三件连在一起画。苏式彩画的题材多画折枝花卉、花果、仙人、动物、鱼鸟、草虫、博古、福寿字等，比较灵活，多用在园林中。

◆ **色彩要求**

明代禁止一般住宅用红色彩画，现存大量明代建筑也确是用黑柱，上部用棕、黄绿等暖色调画彩画。在一些中小城市中，清代建筑的柱枋油饰仍沿明代旧制，以黑色为主调。清代江南的住宅和园林建筑的柱枋油饰则以栗色为主调，和粉墙配合，色调雅洁，与官式彩画风格迥然不同。

北京故宫的苏式彩画

北京故宫的和玺彩画

本书编著者名单

编著者 （按姓氏笔画排列）

于振生	于倬云	马全宝	王颢霖	乌力吉
白丽娟	冯鹏	仲建华	刘伟庆	刘变琴
刘姿君	刘晓路	刘曦林	李全旺	杨泓
杨一帆	杨伯达	步连生	肖建庄	吴培峰
余鸣谦	邹清泉	张幼云	张同霞	张明远
陈少丰	陈艾荣	陈明达	林宗凡	罗世平
周锋	胡文英	胡东初	茹竞华	钟晓青
侯晓萱	施刚	贺西林	秦文钺	袁国干
聂绍富	夏志斌	徐建	徐伯安	陶逸钟
梁建国	葛耀君	傅连兴	傅熹年	焦驰宇
雷慧锋	蔡绍怀	熊海贝	薄松年	